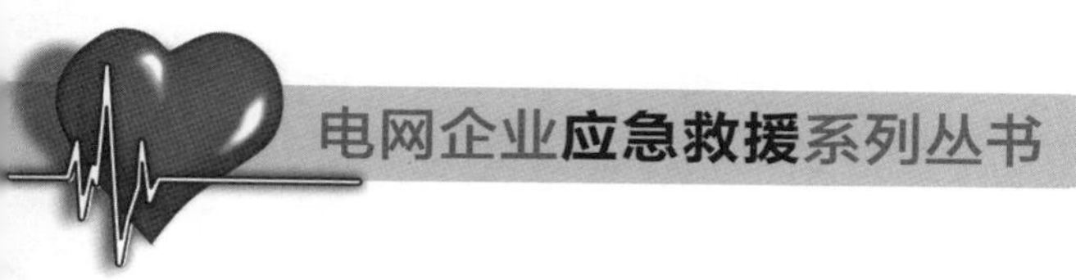

电网企业
应急管理基础知识

国网浙江省电力公司培训中心 组编

中国电力出版社
CHINA ELECTRIC POWER PRESS

内 容 提 要

本书旨在提高广大应急管理和应急救援工作人员的业务素质。本书主要内容包括应急法律法规基础知识、应急救援基础知识、应急管理、应急预案管理、应急救援队伍建设与管理、应急救援安全保障、应急救援综合保障以及舆情处置与媒体沟通。

本书系统完整，具有较强的针对性、实用性和可操作性，可作为电网企业应急指挥人员、应急管理人员、应急救援基干队员、应急抢修人员、基层班组长和班组安全员进行应急管理与应急救援的培训教材，又可作为政府及有关部门、社会上的救援部门、机构、单位的事故应急救援参考书。

图书在版编目（CIP）数据

电网企业应急管理基础知识／国网浙江省电力公司培训中心组编．—北京：中国电力出版社，2017.5（2023.2 重印）

（电网企业应急救援系列丛书）

ISBN 978-7-5198-0555-5

Ⅰ．①电… Ⅱ．①国… Ⅲ．①电力工业 - 突发事件 - 安全管理 Ⅳ．① TM08

中国版本图书馆 CIP 数据核字（2017）第 061355 号

出版发行：中国电力出版社
地　　址：北京市东城区北京站西街 19 号（邮政编码 100005）
网　　址：http://www.cepp.sgcc.com.cn
责任编辑：崔素媛（cuisuyuan@gmail.com）
责任校对：李　楠
装帧设计：王英磊　左　铭
责任印制：杨晓东

印　刷：廊坊市文峰档案印务有限公司
版　次：2017 年 5 月第一版
印　次：2023 年 2 月北京第四次印刷
开　本：850 毫米 ×1168 毫米 32 开本
印　张：6.875
字　数：152 千字
定　价：28.00 元

编委会

本书编写人员

叶代亮　李辉明　周晓虎　陈国明
谭　平　张顺生

前言

Preface

近年来，我国各地台风、洪涝、冰雪、地震等自然灾害类突发事件频发，重特大火灾爆炸事故、道路交通事故、安全生产事故等事故灾难类突发事件也时有发生，这些突发事件不仅给人民群众生命财产造成重大损失，也给当地电网企业设备设施造成极大损坏。

党和政府高度重视应急管理和应急救援工作。在党的十八大报告中提出了“健全突发事件应急管理机制，维护社会公共安全，促进社会和谐稳定”的要求。“提升防灾减灾救灾能力”“强化突发事件应急体系建设”作为重要章节写入《中华人民共和国国民经济和社会发展第十三个五年（2016—2020）规划纲要》。因此，加强应急管理和应急救援工作、提高预防和处置突发事件的能力，是关系人民群众生命财产安全的大事、是国家治理能力的重要组成部分、是构建社会主义和谐社会的重要内容、是坚持以人为本和执政为民的重要体现、是构建企业安全稳定长效机制的重要举措。

突发事件发生后，迅速组织开展应急救援，最短时间恢复电力供应，配合政府开展抢险救灾行动，是电网企业履行社会责任和义务的重要使命。国家电网公司贯彻落实国家应急管理法规制度，坚持“预防为主、预防与处置相结合”的原则，按照“统一指挥、结构合理、功能实用、运转高效、反应灵敏、资源共享、保障有力”的要求建立系统和完整的应急体系，按照“平战结合、一专多能、装备精良、训练有素、快速反应、战斗力强”的原则建立应急救援基干队伍，加强应急联动机制建设、提高协同应对突发事件的能力。

为加强应急救援基干队伍的应急理论和应急技能培训，提高应急救援基干队员的应急救援能力和技术水平，提升电网企业对各类突发事件的快速反应和有效处置能力，国网浙江省电力公司培训中心组织力量编写了《电网企业应急救援系列丛书》。本套丛书分：《电网企业应急管理基础知识》、《电网企业应急救援技术》、《电网企业应急救援装备使用技术》、《电网企业应急救援案例分析》四册。本套丛书既是一套针对应急救援基干队伍的专业性培训教材，也是面向电网企业应急指挥人员、应急管理人员、应急抢修人员、电网企业员工以及社会民间应急救援人员的应急救援基础性知识读物。

鉴于编者水平有限，不足之处，敬请读者批评指正！

目录

Catalog

第一章

应急法律法规基础知识

第一节 应急法律体系

一、应急法律的内涵

1. 应急法律的定义

应急法律，是一个国家和地区就突发事件应对工作而专门制定或认可的，处理国家权力之间、国家权力与公民权利之间以及公民权利之间复杂社会关系的法律原则和规范的总和，是常态法律的必然延伸。

2. 应急法律的基本功能和主要特征

在现代法治国家，为防止突发事件的巨大冲击力导致整个国家生活与社会秩序的全面失控，需要运用行政紧急权力并实施应急法律规范，来调整紧急情况下的国家权力之间、国家权力与公民权利之间、公民权利之间的各种社会关系，以有效控制和消除危机，恢复正常的社会生活秩序和法律秩序，维护和平衡社会公共利益与公民合法权益。这就是应急法律的基本功能。

应急法律的主要特征有以下五方面：

（1）权力优先性。这是指在非常规状态下，与立法、司法等其他国家权力相比，与法定的公民权利相比，行政紧急权力具有某种优先性和更大的权威性，例如可以限制或暂停某些宪定或法定公民权利的行使。

（2）紧急处置性。这是指在非常规状态下，即便没有针对某种特殊情况的具体法律规定，行政机关也可进行紧急处置，以防止公共利益和公民权利受到更大损失。

（3）程序特殊性。这是指在非常规状态下，行政紧急权力的行使过程中遵循一些特殊的（要求更高或更低的）行为程序，例如可通过简易程序紧急出台某些政令和措施，或者对某些政令和措施的出台设置更高的事中或事后审查门槛。

（4）社会配合性。这是指在非常规状态下，有关组织和个人有义务配合行政紧急权力的行使，并提供各种必要帮助。

（5）救济有限性。这是指在非常规状态下，依法行使行政紧急权力造成行政相对人合法权益的损害后，如果损害是普遍而巨大的，政府可只提供有限的救济，如适当补偿（但不得违背公平负担的原则）。

具有这些特点的应急法律，不言而喻也具有对公民权利造成严重限制的可能性。

二、我国的应急法律体系

新中国建立迄今，特别是2003年全国大范围发生“非典”疫情之后，我国已经在应急管理领域制定大量法律法规，在一般性突发事件领域已经建立以《中华人民共和国突发事件应对法》为应对基本法、大量应对特定种类突发事件的分散单行立法与之并存的应急管理法律体系。其中，既有规定基本原则和制度的龙头法——《中华人民共和国突发事件应对法》，也有一事一规定的各类单行法，较好地实现了应急管理法治统一与具体领域特别应对相结合。

2007年8月30日颁布的《中华人民共和国突发事件应对法》，结束了我国突发事件预防与应对无基本法的历史，是我国应急法律建设的重要标志。作为规范突发事件应对工作的国家层面法律。《中华人民共和国突发事件应对法》加强了突发事件应对工作的统一性和规范性，首次系统、全面地规范了突发事件应对工作的各个领域和各个环节，确立了应对工作应当遵循的基本原则，构建了一系列基本制度，为突发事件应对工作的全面法治化和制度化提供了最基本的法律依据。

在《中华人民共和国突发事件应对法》之外，我国还存在大量单行立法。这些立法有的是关于突发事件应对的专门单行立法，如《中华人民共和国防震减灾法》、《破坏性地震应急条例》（国务院令第172号）、《突发公共卫生事件应急条例》（国务院令第376号）等；多数则是部门管理的行政立法中部分条款涉及突发事件的应对工作。单行立法的优点是针对性强，或者结合某类突发事件的特点，或者结合某个阶段应对工作的特点，规定更具针对性的应对措施。

数量众多的单行立法已经覆盖了突发事件的各个领域。《中华人民共和国突发事件应对法》将突发事件分为自然灾害、事故灾难、公共卫生事件和社会安全事件。四大类事件之下又可以细分为诸多种类，如自然灾害包括地震、台风、冰雪、水灾等，基本覆盖了人类目前认识到的可能发生的各类突发事件。就其覆盖面而言，形式上已经覆盖了一般性突发事件领域中的各类灾种突发事件的应对。

（一）我国应急法律体系的纵向构架

就立法位阶分布而言，我国已经建立各层级相应的、立法层级完整的应急法律体系。应急方面的立法分布在宪法、法律、行政法规、地方性法规、部门规章、地方政府规章各个层级法律文件中。

1.《宪法》中关于突发事件应对的法律规定

宪法条款主要涉及战争状态和紧急状态的决定和宣布，明确

了国家机关行使紧急权力的宪法依据，确定了国家紧急权力必须依法行使的基本原则。

2004年宪法修正案通过后，涉及战争状态和紧急状态的条款有三条：第67、80、89条。第67条第（18）项和第（20）项分别规定了全国人大常委会决定进入战争状态和紧急状态的权限。第80条规定由国家主席宣布进入战争状态和紧急状态。第89条规定国务院依照法律规定决定省、自治区、直辖市范围内部分地区进入紧急状态。

2. 法律层面的应急法律规范

法律层面制定了应对突发事件的基本法，即《中华人民共和国突发事件应对法》。法律层面关于突发事件的立法中有一部分是专门立法，包括《中华人民共和国防震减灾法》《中华人民共和国防沙治沙法》《中华人民共和国防洪法》《中华人民共和国传染病防治法》等。多数立法并非是关于突发事件预防和应对的专门立法，只是部分条款与突发事件的应对相关，内容相对简单，但由于规定在部门管理法中，又具有很强的针对性。如自然灾害类的《中华人民共和国水法》《中华人民共和国森林法》；事故灾难类的《中华人民共和国安全生产法》《中华人民共和国消防法》《中华人民共和国劳动法》《中华人民共和国煤炭法》；公共卫生事件类的《中华人民共和国食品卫生法》《中华人民共和国国境卫生检疫法》《中华人民共和国动物防疫法》；社会安全事件类的《中华人民共和国国家安全法》《中华人民共和国国防法》《中华人民共和国兵役法》《中华人民共和国人民防空法》等。

3. 行政法规、部门规章层面的应急法律规范

行政法规层面分布的专门性立法数量最多，包括《核电厂核事故应急管理条例》（国务院令第124号）、《破坏性地震应急条

例》（国务院令第172号）、《突发公共卫生事件应急条例》（国务院令第376号）、《地质灾害防治条例》（国务院令第394号）、《军队参加抢险救灾条例》（国务院中央军委令第436号）、《重大动物疫情应急条例》（国务院令第450号）、《森林防火条例》（国务院令第541号），以及针对2008年汶川大地震后面临的艰巨而又复杂的灾后重建工作所制定的区域性立法——《汶川地震灾后恢复重建条例》（国务院令第526号）等。

4. 地方性法规与规章层面的应急法律规范

地方性法规数量最为庞大，规章的数量相对较少。地方性法规与规章的立法多数是实施性立法。此外，从国务院到地方各级人民政府还以《意见》《通知》等形式下发了大量内部文件，如《国务院办公厅关于加强基层应急管理工作的意见》《国务院关于全面加强应急管理工作的意见》《国家安全监督管理总局关于建设国家矿山危险化学品应急救援基地的通知》《民政部关于加强突发灾害应急救助联动工作的通知》《乌鲁木齐市人民政府办公厅关于印发乌鲁木齐市生活必需品应急预案的通知》等。

在立法之外，还建立了从中央到地方、从总体预案到专项预案和部门预案的突发事件应急预案体系，将立法规定具体化，但不少应急预案存在照抄照搬立法条款的现象，未真正实现应急预案的功能。

（二）我国应急法律法规的类别

我国从1954年首次规定戒严制度至今，已经颁布了一系列与处置突发事件有关的法律、法规，各地方根据这些法律、法规又颁布了适用于本行政区域的地方立法，从而初步构建了一个从中央到地方的突发事件应急处置法律规范体系。

1. 战争状态法律规范

例如《中华人民共和国兵役法》《中华人民共和国预备役军

官法》《中华人民共和国人民防空法》《国防交通条例》（国务院中央军委令第173号）、《民用运力国防动员条例》（国务院中央军委令第391号）等。

2. 一般的紧急情况法律规范

基本法有《中华人民共和国突发事件应对法》。涉及某些单行的紧急状态法律规范，如《核电厂核事故应急管理条例》（国务院令第124号）、《电力安全事故应急处置和调查处理条例》（国务院令第599号）等。此外在我国批准和签署的国际条约、协议中，涉及一般紧急状态的条款多达20余处。

3. 恐怖性突发事件法律规范

恐怖性突发事件在一般紧急情况中危险度最高，《中华人民共和国反恐怖主义法》于2015年12月27日第十四届全国人民代表大会常务委员会第十八次会议通过。2016年1月1日起实施。该法是中国首部反恐法，是一部规范政府和社会开展反恐怖工作的法律。

4. 骚乱性突发事件（群体性突发事件）法律规范

我国现阶段应对骚乱的主要法律是《中华人民共和国戒严法》，还有《公安机关人民警察内务条令》第13条、《民兵战备工作规定》第39条等。

5. 灾害性突发事件法律规范

目前我国的灾害性突发事件法律主要包括：地震灾害法律、地质灾害法律、防汛抗旱法律、森林防火法律、草原防火法律等。

6. 事故性突发事件法律规范

我国关于事故防治的立法范围非常广泛，立法形式涉及法律、行政法规、地方性法规和规章。主要的事故防治法律包括：生产安全事故法律、道路交通事故法律、铁路行车事故法律、民用航空器飞行事故法律、水上航运事故法律、城市地铁事故法律、核事故法律、火灾事故法律等。

7. 公民权利救济法律规范

涉及公民、法人和其他组织的合法权益由于公共危机的行政应急措施受到损害之后的补救机制，包括行政复议、行政诉讼、国家赔偿和补偿方面的法律规范。

第二节《突发事件应对法》

《中华人民共和国突发事件应对法》（以下简称《突发事件应对法》）由中华人民共和国第十届全国人民代表大会常务委员会第二十九次会议于2007年8月30日通过，自2007年11月1日起施行。《突发事件应对法》有总则、预防与应急准备、监测与预警、应急处置与救援、事后恢复与重建、法律责任和附则共计七章七十条，主要规定了突发事件应急管理体制、突发事件的预防与应急准备、监测与预警、应急处置与救援、事后恢复与重建等方面的基本制度，并与宪法规定的紧急状态法条和有关突发事件应急管理的其他法律作了衔接。

一、立法背景与立法原则

1. 立法背景

《突发事件应对法》是新中国第一部应对各类突发事件的综合性法律，其颁布实施对于提高全社会应对突发事件的能力，预防和减少突发事件的发生，及时有效地控制、减轻和消除突发事件引起的严重社会危害，保护人民生命财产安全，维护国家安全、公共安全和环境安全，构建社会主义和谐社会具有重要意义。这部法律的公布实施，标志着我国突发事件应对工作全面迈入制度化、规范化、法制化的轨道。

首先，我国是一个自然灾害、事故灾难、公共卫生事件等突发事件较多的国家。从自然的角度分析，我国是世界上受自然灾害影响最为严重的国家之一，灾害种类多、发生频率高、危害程度大；从社会的角度分析，这些突发事件经济损失大、影响范围广、社会关注高。随着社会的发展和进步，人们对美好生命的珍爱、财产损失的关注、应急救援的期望、社会稳定的渴望，比以往任何时候都要高。突发事件必然会引起社会的高度关注，但如果应急处置失当，就有可能出现社会危机。

提高各级政府依法处置突发事件的能力，控制、减轻和消除突发事件引起的严重社会危害，是当前中国应急法制建设面临的一项紧迫任务。突发事件的应对，尤其是应急处置，不能仅仅依靠经验，更重要的应当依靠法制。现代社会应对突发事件有着自身规律，往往需要行政主导，以提高应对效率，减轻危害。这就需要赋予行政机关较大的权力，同时更多地限制公民的权利。但是这种权力往往具有两面性，运用不当就导致权益失衡。因此，无论是行政紧急权力的取得和运作，还是对公民权利的限制或者公民义务的增加，都需要依法应急、按章办事。尤其在应对突发事件等特殊情况下，更要依法办事。显而易见，制定一部这样的法律是当务之急。

其次，我国政府高度重视突发事件的应对工作，采取了一系列措施，建立了许多应急管理制度。特别是近些年来，国家高度重视应对突发事件的法制建设，制定了大量的涉及突发事件应对的法律、行政法规、部门规章和有关文件。同时，国务院和地方各级人民政府初步建立突发事件应急预案体系，强化应急管理机构和应急保障能力建设，为依法科学应对突发事件奠定良好的基础。但在突发事件的处理中，还存在着不少问题，主要是：应急责任主体不够明确，一旦出现问题相互推责或多头指挥的情况还较为普遍；应急响应机制不够统一、灵敏、协调；信息发布不够及时、准确、透明；突发事件预防与处置制度及机制不够完善、措施不够得力等。突发事件的预防与应急准备、监测与预警、应急处置与救援等制度和机制不够完善，会导致一些突发事件未能得到有效预防，有的突发事件引起的社会危害不能及时得到控制。因此，在应对突发事件的过程中，各级政府应对突发事件的效率和效果有待进一步提高。如何进一步增强政府的危机意识，增强政府应对突发事件的透明度，提高应对突发事件的能力，真正做到处变不惊、处置有序，就需要建立健全有关法律制度，并对应急管理体制、预防与应急准备、监测与预警、应急处置与救援、突发事件信息发布和透明度等问题做出明确规定，以提高全社会的危机意识，明确政府、企业、其他社会组织和公民的责任，从根本上预防和减少突发事件的发生。

最后，社会广泛参与应对突发事件的机制还不够健全，社会公众的危机意识、自我保护、自救与互救的能力不强。一旦发生突发事件，即使是一个很小的突发事件都会造成很大的人员伤亡，其中一个重要的原因，就是有关人员自我保护、自救、互救的意识和能力不强。为了提高社会各方面依法应对突发事件的能力，迫切需要在认真总结我国应对突发事件经验教训、借鉴其他国家成功经验的基础上，制定一部规范应对各类突发事件共同行为的法律。

基于这样的背景，国务院法制办于2003年5月组织力量研究起草这部法律。在认真学习研究党中央、国务院关于应对自然灾害、事故灾难、公共卫生事件等突发事件的一系列方针、政策、措施，全面总结我国应对突发事件的实践经验，研究借鉴国外应对突发事件的法律制度，并广泛征求各方面意见的基础上，数易其稿，形成了《中华人民共和国突发事件应对法（草案）》，经国务院常务会议两次讨论修改，于2006年6月提请全国人大常委会审议。全国人大常委会三次审议修改，于2007年8月30日第十届全国人民代表大会常务委员会第二十九次会议通过，2007年11月1日正式实施。

2. 立法原则

在《突发事件应对法》中，始终贯彻并遵循着以下原则。

（1）把突发事件的预防和应急准备放在优先的位置。突发事件应对的制度设计，重点不在突发事件发生后的应急处置，而是从法律上、制度上保证应对工作关口能够前移至预防、准备、监测、预警等环节，力求做好突发事件预防工作、及时消除危险因素，避免突发事件的发生；当无法避免的突发事件发生后，也应当首先依法采取应急措施予以处置，及时控制事态发展，防止其演变为特别严重事件，防止人员大量伤亡扩大、财产损失增加。因此，《突发事件应对法》明确规定：

1）国家建立重大突发事件风险评估体系，对可能发生的突发事件进行综合性评估；

2）国家建立了处置突发事件的组织体系和应急预案体系，为有效应对突发事件做了组织准备和制度准备；

3）国家建立了突发事件监测网络、预警机制和信息收集与报告制度，为最大限度减少人员伤亡、减轻财产损失提供了前提；

4）国家建立了应急救援物资、设备、设施的储备制度和经费保障制度，为有效处置突发事件提供了物资和经费保障；

5）国家建立了社会公众学习安全常识和参加应急演练的制度，为应对突发事件提供了良好的社会基础；

6）国家建立了由综合性应急救援队伍、专业性应急救援队伍、单位专职或者兼职应急救援队伍以及武装部队组成的应急救援队伍体系，为做好应急救援工作提供了可靠的人员保证。

（2）坚持有效控制危机和最小代价原则。突发事件严重威胁、危害社会的整体利益。任何关于应急管理的制度设计都应当将有效地控制、消除危机作为基本的出发点，以有利于控制和消除面临的现实威胁。因此，必须坚持效率优先，根据中国国情授予行政机关充分的权力，以有效整合社会各种资源，协调指挥各方社会力量，确保危机最大限度地得以控制和消除。同时，又必须坚持最小代价原则，控制危机不可能不付出代价，但也不是不惜一切代价。具体要求是：

1）在保障人的生命健康优先权的前提下，必须对自由权、财产权的损害控制在最低限度；

2）坚持常态措施用尽原则，即只有在常态措施不足以处理问题时，才启用应急处置措施；

3）将正常的生产、工作、学习和生活秩序的影响控制在最小范围，严格控制应急处置措施的适用对象和范围。

为此，需要规定行政权力行使的规则和程序，以便将应急救援的代价降到最低限度。必须强调，缺乏权力行使规则的授权，会给授权本身带来巨大的风险。因此，《突发事件应对法》在对突发事件进行分类、分级、分期的基础上，确定突发事件的社会危害程度、授予行政机关与突发事件的种类、级别和时期相适应的职权。同时，有关预警期采取的措施和应急处置措施，在价值取向上都体现了最小代价原则。

（3）对公民权利依法予以限制和保护相统一。国家的人民民主制度和人民享有的自由和权利，是现代政治制度中的共和国制度赖以生存的价值基础。但是一旦出现危害社会的突发事件，为

了维护社会共同体的利益，必须实行国家权力的集中，减少国家决策的民主程序，对公民权利和自由进行一些必要的限制，并使其承担更多的公共义务。《突发事件应对法》的立法理念，就是在有效控制危机，维系社会共同利益的同时，尽量将对民主和自由的影响压缩到最低的程度。

因此，平时管理与应急管理的转换，成为贯穿法律的中心。也就是说，突发事件发生时，在什么样的情况下允许政府从平时管理进入应急管理；当突发事件造成的危机减轻或消除时，政府怎样立刻结束应急管理，从应急管理转换到平时管理。这二者的转换必须纳入法律框架之中。没有第一个转换就不能有效、及时地控制突发事件，而没有第二个转换就可能造成应急权力的滥用，所以必须设置必要的界限。

从应急管理转为平时管理，相对比较从容，《突发事件应对法》做了一个统一的规定：当突发事件造成的危机减轻或消除、采取平时管理足以控制时，必须立即停止继续行使应急措施。而从平时管理进入应急管理的转换界限，则不易做出统一的划分。因为突发事件发生的类型不同、区域不同、程度不同，很难统一规定在什么样的情况下进入应急管理状态。因此，《突发事件应对法》规定：对于可预见的突发事件，采取预警制度。预警期是日常状态和应急状态的过渡，使公众有一个可以接受的转换期；对于不能预见的突发事件，则以突发事件的发生作为平时管理进入应急管理转换的界标。

（4）着眼应急管理合法性，即提高政府应对突发事件的法律能力。政府应对突发事件的法律能力，涉及政府应急措施的社会价值评价问题。法律能力关注的中心问题是政府的应急措施对公民自由和权利，包括经济、社会、政治、家庭和其他方面的自由和权利限制或者中止；对国家决策和监督活动民主制度的影响，限制和停止人民的自由和权利，限制国家决策的民主程序的条件、程度、时间、方式，究竟怎样才是合适的和正当的。提出法律能力的基础是政府采取应急措施不能没有任何道德和社会约束，不能为了克服危机而无所顾忌为所欲为，也不能以克服危机为由不计任何物质和社会代价。

所以，政府应对突发事件的法律能力是政府实施应急行为取得社会普遍认可和合法性评价的能力。《突发事件应对法》就是着眼于提高政府应对突发事件的法律能力，使政府能在法律框架下处置突发事件；明确在应急管理阶段，政府可以采取什么应急措施和依照什么规则采取这些措施；保证政府运用各种应急社会资源的行为，具有更高的透明度，更大的确定性和更强的可预见性。例如，政府在应对突发事件时可能会要求公民提供财产或提供服务。这在法律上可以有不同的性质：或者属于公民自愿主动的志愿行为，不需要国家给予回报；或者属于公民履行法律规定的普遍性公共义务，国家对此应当给予一些补助；还有就是政府应急征收征用私人财产和服务，政府事后应当给予补偿。这些问题在《突发事件应对法》中都做出明确的规定。

二、确立应急管理体制

实行统一的应急管理体制，整合各种力量，是确保突发事件处置工作提高效率的根本举措。美、日、俄、英、意、加等发达国家都相继整合各方面力量，建立了以政府主要负责人为首的突发事件应对机构，并在各级政府设立专门部门或者在政府办公厅设立专门办事机构，具体负责突发事件处置工作的综合协调，提供统一的信息和指挥平台。借鉴这些国家的经验，并根据我国的具体国情，《突发事件应对法》第四条规定：国家建立统一领导、综合协调、分类管理、分级负责、属地管理为主的应急管理体制。

统一领导，是指在各级政府的领导下，开展突发事件应对处置。在国家层面，国务院是突发事件应急管理工作的最高行政领导机关；在地方层面，地方各级政府是本地区应急管理工作的行政领导机关，负责本行政区域各类突发事件应急管理工作，是负责此项工作的责任主体。在突发事件应对中，领导权主要表现为以相应责任为前提的指挥权、协调权。

综合协调，有两层含义：一是政府对所属各有关部门、上级政府对下级各有关政府、政府与社会各有关组织、团体的协调；二是各级政府突发事件应急管理工作的办事机构进行的日常协调。综合协调的本质和取向是在分工负责的基础上，强化统一指挥、协同联动，以减少运行环节、降低行政成本，提高快速反应能力。

分类管理，是指按照自然灾害、事故灾难、公共卫生事件和社会安全事件四类突发事件的不同特性实施应急管理。具体包括：根据不同类型的突发事件，确定管理规则，明确分级标准，开展预防和应急准备、监测与预警、应急处置与救援、事后恢复与重建等应对活动。此外，由于一类突发事件往往有一个或者几个相关部门牵头负责，因此分类管理实际上就是分类负责，以充分发挥诸如防汛抗旱、防震减灾、核应急、反恐等指挥机构及其应急办公室在相关领域应对突发事件中的作用。

分级负责，主要是根据突发事件的影响范围和突发事件的级别不同，确定突发事件应对工作由不同层级的政府负责。一般来说，一般和较大的自然灾害、事故灾难、公共卫生事件的应急处置工作分别由发生地县级或设区的市级人民政府统一领导；重大和特别重大的，由省级人民政府统一负责，其中影响全国、跨省级行政区域或者超出省级人民政府处置能力的特别重大的突发事件应对工作，由国务院统一负责。社会安全事件由于其特殊性，原则上，也是由发生地的县级人民政府组织处置，但必要时上级人民政府可以直接处置。需要指出，履行统一领导职责的地方人民政府不能消除或者有效控制突发事件引起的严重社会危害的，应当及时向上一级人民政府报告，请求支持。接到下级人民政府的报告后，上级人民政府应当根据实际情况对下级人民政府提供人力、财力支持和技术指导，必要时可以启用储备的应急救援物资、生活必需品和应急处置装备；有关突发事件升级的，应当由相应的上级人民政府统一领导应急处置工作。

属地管理为主，主要有两种含义：一是突发事件应急处置工作原则上由地方负责，即由突发事件发生地的县级以上地方人民政府负责；二是法律、行政法规规定由国务院有关部门对特定突发事件的应对工作负责的，就应当由国务院有关部门管理为主。比如，中国人民银行法规定，商业银行已经或者可能发生信用危机，严重影响存款人的利益时，由中国人民银行对该银行实行接管，采取必要措施，以保护存款人利益，恢复商业银行正常经营能力。又比如，《核电厂核事故应急管理条例》规定，全国的核事故应急管理工作由国务院指定的部门负责。

三、确立应急管理基本制度

1. 突发事件的预防与应急准备制度

突发事件的预防和应急准备制度是整部法律中最重要的一个制度，也是涉及条文最多的一项制度。突发事件的预防和应急准备制度包括以下具体内容：

（1）提高全社会危机意识和应急能力的制度。这是突发事件应对的基础性制度，主要包括：

1）各级各类学校应该将应急知识教育纳入教学内容，培养学生的安全意识和自救、互救能力。

2）基层人民政府应当组织应急知识的宣传普及活动，新闻媒体

应当无偿开展突发事件预防与应急、自救与互救知识的公益宣传。

3）基层人民政府、街道办事处、居民委员会、村民委员会、企事业单位应当组织开展应急知识的宣传普及活动和必要的应急演练。

4）机关工作人员应急知识和法律法规知识培训制度。

（2）隐患调查和监控制度。这是最重要的预防制度，主要包括：

1）县级以上政府应当加强对本行政区域内危险源、危险区域的调查、登记、风险评估，定期进行检查、监控，并按国家规定及时予以公布。

2）所有单位应当建立健全安全管理制度，矿山、建筑工地等重点单位和公共交通工具、公共场所等人员密集场所，都应当制定应急预案，开展隐患排查。

3）县级人民政府及其有关部门、各基层组织应当及时调解处理可能引发社会事件的矛盾、纠纷。

（3）应急预案制度。应急预案是应对突发事件的应急行动方案，是各级人民政府及其有关部门应对突发事件的计划和步骤，也是一项制度保障。预案具有同等法律文件的效力，比如，国务院的总体预案与行政法规有同等效力，国务院部门的专项预案与部门规章有同等效力，省级人民政府的预案与省级政府规章有同等效力。

（4）建立应急救援队伍的制度。这是重要的组织保障制度，主要包括：

1）县级以上人民政府应当整合应急资源，建立或者确立综合性应急救援队伍。

2）人民政府有关部门可以根据实际需要设立专业应急救援队伍。

3）生产经营单位应当建立由本单位职工组成的专、兼职应急救援队伍。

4）专业应急救援队伍和非专业应急救援队伍应当联合培训、

联合演练，提高合成应急、协同应急的能力。

（5）突发事件应对保障制度。这一制度为确保应对突发事件所需的物资、经费等提供了保障，主要包括：

1）物资储备保障制度。国家要完善重要应急物资的监管、生产、储备、调拨和紧急配送体系；设区的市级以上人民政府和突发事件易发、多发地区的县级人民政府应当建立应急救援物资、生活必需品和应急处置装备的储备制度；县级以上地方各级人民政府应当根据本地区的实际情况，与有关企业签订协议，保障应急救援物资、生活必需品和应急处置装备的生产、供给。

2）经费保障制度。国务院和县级以上地方各级人民政府应当采取财政措施，保障突发事件应对工作所需经费。

3）通信保障体系。国家建立健全应急通信保障体系，完善公用通信网，建立有线与无线相结合、基础电信网络与机动通信系统相配套的应急通信系统，确保突发事件应对工作的通信畅通。

（6）城乡规划要满足应急需要的制度。城乡规划应当符合预防、处置突发事件的需要，统筹安排应对突发事件所必需的设备和基础设施建设，合理确定应急避难场所。

2. 突发事件的监测制度

监测制度是做好突发事件应对工作，有效预防、减少突发事件的发生，控制、减轻和消除突发事件引起的严重社会危害的重要制度保障。为此，《突发事件应对法》从以下几个方面作了规定：

（1）建立统一的突发事件信息系统。这是一项重大改革，目的是为了有效整合现有资源，实现信息共享，具体包括：

1）信息收集制度。县级以上人民政府及其有关部门、专业机构应当通过多种途径收集突发事件信息。县级人民政府应当在居民委员会、村民委员会和有关单位建立专职或者兼职信息报告员制度。获悉突发事件信息的公民、法人或者其他组织，应当向所

在地人民政府、有关主管部门或者指定的专业机构报告。地方各级人民政府应当向上级人民政府报送突发事件信息。县级以上人民政府有关主管部门应当向本级人民政府相关部门通报突发事件信息。专业机构、监测网点和信息报告员应当向所在地人民政府及其有关主管部门报告突发事件信息。

2）信息的分析、会商和评估制度。县级以上地方各级人民政府应当及时汇总分析突发事件隐患和预警信息，必要时组织有关部门、专门技术人员、专家学者进行会商，对发生突发事件的可能性及其可能造成的影响进行评估。

3）上下左右互联互通和信息及时交流制度。

（2）建立健全监测网络。具体包括：

1）在完善现有气象、水文、地震、地质、海洋、环境等自然灾害监测网的基础上，适当增加监测密度，提高技术装备水平。

2）建立危险源、危险区域的实时监控系统和危险品跨区域流动监控系统。

3）在完善省市县乡村五级公共卫生事件信息报告网络系统的同时，健全传染病、不明原因疾病、动植物疫情、植物病虫害和食品药品安全等公共卫生事件监测系统。

必须强调，无论是完善哪一类突发事件的监测系统，都要加大监测设施、设备建设，配备专职或者兼职的监测人员或信息报告员。

3. 突发事件的预警制度

预警机制不够健全，是导致突发事件发生后处置不够及时、人员财产损失比较多的重要原因。预警制度是根据有关突发事件的预测信息和风险评估，依据突发事件可能造成的危害程度、紧急程度和发展趋势，确定相应预警级别，发布相关信息、采取相关措施的制度。其实质是根据不同情况提前采取针对性的预防措施。突发事件的预警制度，具体包括以下内容：

（1）预警级别制度。根据突发事件发生的紧急程度，分为一级、二级、三级和四级，一级最高，分别用红、橙、黄、蓝色标示。考虑到不同突发事件的性质、机理、发展过程不同，法律难以对各类突发事件预警级别规定统一的划分标准。因此，预警级别划分的标准由国务院或者国务院确定的部门制定。

（2）预警警报的发布权制度。原则上，预警的突发事件发生地的县级人民政府享有警报的发布权，但影响超过本行政区域范围的，应当由上级人民政府发布预警警报。确定预警警报的发布权，应当遵守三项原则：属地为主的原则，权责一致的原则，受上级领导的原则。

（3）发布三级、四级预警后应当采取的措施。这些措施总体上是指强化日常工作，做好预防、准备工作和其他有关的基础工作，是一些强化、预防和警示性的措施。其中，最重要的有三项：

1）风险评估措施，即做好突发事件发展态势的预测；

2）向公众发布警告，宣传避免、减轻危害的常识，公布咨询电话；

3）对相关信息报道工作进行管理。

（4）发布一级、二级预警后应当采取的措施。

发布一级、二级预警，意味着事态发展的态势到了一触即发的地步，人民群众的生命财产安全即将面临威胁。因此，这时采取的措施应当更全面、更有力，但从措施性质上仍然属于防范性、保护性的措施。

4. 突发事件的应急处置制度

突发事件发生以后，首要的任务是进行有效的处置，组织营救和救治受伤人员，防止事态扩大和次生、衍生事件的发生。突发事件的应急处置制度包括以下内容：

（1）自然灾害、事故灾难或者公共卫生事件发生后可以采取的措施。这些类型的突发事件发生以后，履行统一领导职责的人民政府可以采取各类控制性、救助性、保护性、恢复性的处置措施。这些措施包括：组织营救和救治受害人员，疏散、撤离并妥善安置受到威胁的人员以及采取其他救助性措施；迅速控制危险源，标明危险区域，封锁危险场所，划定警戒区，实行交通管制以及其他控制措施；禁止或者限制使用有关设备、设施，关闭或者限制使用有关场所，中止人员密集的活动或者可能导致危害扩大的生产经营活动以及采取其他保护措施等。

（2）社会安全事件发生后可以采取的措施。由于社会安全事件往往危害大、影响广，因此有必要建立快速反应、控制有力的处置机制，坚持严格依法、果断坚决、迅速稳妥的处置原则。社会安全事件发生后采取的措施具有较强的控制、强制的特点。这些措施包括：强制隔离使用器械相互对抗或者以暴力行为参与冲突的当事人，妥善解决现场纠纷和争端，控制事态发展；对特定区域内的建筑物、交通工具、设备、设施以及燃料、燃气、电力、水的供应进行控制；封锁有关场所、道路、查验现场人员的身份证件，限制有关公共场所内的活动等。

（3）发生严重影响国民经济正常运行的突发事件可以采取的措施。这里所说的严重影响国民经济正常运行的情况主要是指银行挤兑、股市暴跌、金融危机等。在这种情况下，国务院或者国务院授权的部门可以采取保障、控制等必要的应急措施，包括及时调整税率，宣布税收开征、停征以及减税、免税、退税等调控措施；调节货币供应量、信贷规模和信贷资金投向，规范金融秩序，实行外汇和国际贸易等方面的管制措施。

5. 突发事件的事后恢复与重建制度

突发事件的威胁和危害基本得到控制和消除后，应当及时组织开展事后恢复和重建工作，以减轻突发事件造成的损失和影响，尽快恢复生产、生活、工作和社会秩序，妥善解决处置突发事件过程中引发的矛盾和纠纷。突发事件的事后恢复与重建制度具体包括如下内容：

（1）及时停止应急措施，同时采取或者继续实施防止次生、衍生事件或者重新引发社会安全事件的必要措施。

（2）制订恢复重建计划。突发事件应急处置工作结束后，事发地政府应当在对突发事件造成的损失进行评估的基础上，组织制订受影响地区恢复重建计划。

（3）上级人民政府提供指导和援助。受突发事件影响地区的事发地政府开展恢复重建工作需要上一级人民政府支持的，可以向上一级人民政府提出请求。上一级人民政府应当根据受影响地区遭受的损失和实际情况，提供必要的援助。

（4）国务院根据受突发事件影响地区遭受损失的情况，制定扶持该地区有关行业发展的优惠政策。

6. 突发事件应急处置法律责任制度

（1）行政机关及其工作人员违反《突发事件应对法》规定的责任。

1）不履行法定职责的，由其上级行政机关或者监察机关责令改正。

2）有下列情形之一的，根据情节轻重，对直接负责的主管人员和其他直接责任人员依法给予处分：

① 未按规定采取预防措施，导致发生突发事件，或者未采取必要的防范措施，导致发生次生、衍生事件的；

② 迟报、谎报、瞒报、漏报有关突发事件的信息，或者通报、报送、公布虚假信息，造成后果的；

③ 未按规定及时发布突发事件警报、采取预警期的措施，导

致损害发生的；

④ 未按规定及时采取措施处置突发事件或者处置不当，造成后果的；

⑤ 不服从上级人民政府对突发事件应急处置工作的统一领导、指挥和协调的；

⑥ 未及时组织开展生产自救、恢复重建等善后工作的；

⑦ 截留、挪用、私分或者变相私分应急救援资金、物资的；

⑧ 不及时归还征用单位和个人财产的或者不按规定给予补偿的。

（2）单位和个人违反《突发事件应对法》规定的责任。

单位有下列情形之一的，由所在地履行统一领导职责的人民政府责令停产停业，暂扣或者吊销许可证或者营业执照，并处五万元以上二十万元以下的罚款；构成违反治安管理行为的，由公安机关依法给予处罚：

① 未按规定采取预防措施，导致发生严重突发事件的；

② 未及时消除已发现的可能引发突发事件的隐患，导致发生严重突发事件的；

③ 未做好应急设备、设施日常维护、检测工作，导致发生严重突发事件或者突发事件危害扩大的；

④ 突发事件发生后，不及时组织开展应急救援工作，造成严重后果的；

⑤ 单位或者个人违反《突发事件应对法》规定，不服从所在地政府及其有关部门发布的决定、命令或者不配合其依法采取的措施，构成违反治安管理行为的，由公安机关依法给予处罚；

⑥ 单位或者个人违反《突发事件应对法》规定，导致发生突发事件或者突发事件的危害扩大，给他人人身、财产造成损害的，应当依法承担民事责任。

（3）编造并传播虚假信息的责任。

违反《突发事件应对法》规定，编造并传播有关突发事件事态发展或者应急处置工作的虚假信息，或者明知是有关突发事件事态发展或者应急处置工作的虚假信息而进行传播的，责令改正，给予警告；造成严重后果的，依法暂停其业务活动或者吊销其执业许可证；负有直接责任的人员是国家工作人员的，还应当对其依法给予处分；构成违反治安管理行为的，由公安机关依法给予处罚。

（4）违反《突发事件应对法》规定的刑事责任。

违反《突发事件应对法》规定，构成犯罪的，依照刑法追究刑事责任。

第三节　《安全生产法》中有关应急管理的规定

2014年8月31日中华人民共和国第十二届全国人民代表大会常务委员会第十次会议通过《全国人民代表大会常务委员会关于修改〈中华人民共和国安全生产法〉的决定》，2014年8月31日中华人民共和国主席令第13号公布，《中华人民共和国安全生产法》（以下简称《安全生产法》）自2014年12月1日起施行。

《安全生产法》关于应急管理的规定是在“第五章　生产安全事故的应急救援与调查处理”，共11条，主要规定了生产安全事故的应急救援、调查处理两个方面的内容。

一、总体要求

（1）国家加强生产安全事故应急能力建设，从人、财、物、信息等多个方面提高应急救援能力。

（2）县级以上地方各级人民政府、有关生产经营单位都应当制定生产安全事故应急救援预案。

（3）发生生产安全事故后，生产经营单位负责人、有关地方人民政府及负有安全生产监督管理职责的部门负责人承担的职责、应当采取的具体措施等，都做了明确规定。

（4）生产安全事故的调查处理，主要是在事故发生后，及时、准确地查清事故原因，查明事故性质和责任，依法追究事故责任。

（5）安全生产监督管理部门应当定期统计分析本行政区域内发生的生产安全事故，并向社会公布。

二、加强生产安全事故应急能力建设

《安全生产法》规定：国家加强生产安全事故应急能力建设，在重点行业、领域建立应急救援基地和应急救援队伍，鼓励生产经营单位和其他社会力量建立应急救援队伍，配备相应的应急救援装备和物资，提高应急救援的专业化水平。

三、建立生产安全事故应急救援信息系统

应急救援信息化建设是安全生产应急管理的关键和重点：

（1）加强安全生产应急平台体系建设。

（2）加强安全生产应急资源数据库建设。

（3）加强安全生产应急平台应用工作。

国务院有关部门则按照各自职责，依据有关标准和规范，建立健全相关行业、领域的生产安全事故应急救援信息系统。

四、制订并定期组织演练生产安全事故应急预案

（1）生产经营单位应当制订本单位生产安全事故应急救援预案。

生产经营单位发生生产安全事故后，从应急救援来说，事故发

生单位处于最直接的地位，应在第一时间迅速组织事故现场抢救。

（2）生产经营单位制定的预案应当与政府组织制定的预案相衔接。

县级以上地方人民政府组织制定的生产安全事故应急预案是综合性的，适用于本地区所有生产经营单位。生产经营单位制订的本单位事故应急预案应与综合性应急预案相衔接，确保协调一致，互相配套，一旦启动能够顺畅运行，提高事故应急救援工作的效率。

（3）生产经营单位应当对应急预案定期组织演练。

生产安全事故应急预案还只是纸面上的东西，要真正转化成实际的应急救援能力，确保发生事故后应急预案能够迅速启动，应急救援高效、协调地运行，达到防止事故扩大、降低事故损失的目的，生产经营单位必须对事故应急预案定期组织演练，使本单位主要负责人、有关管理人员和从业人员都能够身临其境积累“实战”经验，熟悉应急预案的各项内容和要求，掌握应急救援过程中相互配合、协作。同时通过组织演练，也能够进一步检验应急预案是否科学合理，发现存在的问题，及时调整完善。定期组织生产安全事故应急预案演练是生产经营单位的一项法定义务。

五、报告生产安全事故及进行事故抢救的责任

生产经营单位发生生产安全事故后，事故现场有关人员在第一时间报告事故并组织抢救，对于防止事故扩大、减少事故损失至关重要。

（1）事故现场有关人员应当立即向单位负责人报告。

生产经营单位发生生产安全事故后，事故现场有关人员，包括有关管理人员以及从业人员等，应当立即向本单位负责人报告，不得拖延、更不能不报告，以便本单位负责人能及时组织抢救、并向有关部门报告。这里所指的“立即报告”，即第一时间毫不迟延地报告，这是事故现场有关人员不可推卸的责任。

（2）生产经营单位负责人的组织抢救义务、报告义务和其他责任。

生产经营单位负责人的重要职责之一就是组织本单位生产安全事故的抢救。因此，接到事故报告后，生产经营单位负责人应当迅速采取有效措施，组织抢救，防止事故扩大，减少人员伤亡和财产损失。同时，单位负责人要按照国家有关规定立即向当地负有安全生产监管职责的部门如实报告。

这里的“国家有关规定”，是指《中华人民共和国安全生产法》《中华人民共和国特种设备安全法》《中华人民共和国突发事件应对法》《生产安全事故报告和调查处理条例》（国务院令第493号）《电力安全事故应急处置和调查处理条例》（国务院令第599号）等法律、行政法规。这些法律、行政法规对单位负责人报告事故的时限、程序、内容等做了明确规定。

事故报告的内容包括：事故发生单位概况，事故发生的时间、地点及事故现场情况，事故的简要经过，事故已经造成或者可能造成的伤亡人数，已经采取的措施以及其他应当报告的情况。单位负责人应当将这些内容全面、如实上报，不得隐瞒不报、谎报或者迟报，以免影响及时组织更有力的抢救工作。

此外，单位负责人不得故意破坏事故现场、毁灭有关证据，为将来进行事故调查、确定事故责任制造障碍。否则，就要承担相应的行政责任；构成犯罪的，还要追究其刑事责任。

第四节 《电力安全事故应急处置和调查处理条例》

2011年6月15日，国务院常务会议审议并原则通过了《电力安全事故应急处置和调查处理条例（草案）》。2011年7月7日，国务院第599号令正式公布了《电力安全事故应急处置和调查处理条例》，自2011年9月1日起实施。

《电力安全事故应急处置和调查处理条例》（以下简称《电力安全事故条例》）分为六章，全文共三十七条。针对电力安全事故，明确了事故的等级的划分和标准、报告程序、应急处置职责、调查处理规定以及与《安全生产事故报告和调查处理条例》（国务院令第493号）等法规衔接的规定。

一、概述

1. 制定目的

为了加强电力安全事故的应急处置工作，规范电力安全事故的调查处理，控制、减轻和消除电力安全事故损害。

2. 电力安全事故的定义

电力安全事故，是指电力生产或者电网运行过程中发生的影响电力系统安全稳定运行或者影响电力正常供应的事故（包括热电厂发生的影响热力正常供应的事故）。

3. 电力安全事故等级

根据电力安全事故影响电力系统安全稳定运行或者影响电力（热力）正常供应的程度，事故分为特别重大事故、重大事故、较大事故和一般事故四个等级，与国务院493号令相一致。《电力安全事故条例》根据电网层级和行政区划，把电网分为区域性电网、省级电网、直辖市电网、省会地城市电网、其他设区的市电网和县级市电网，确定事故等级的主要标准是各级电网在事故中造成的减供负荷比例，或者城市电网停电用户比例。对于各级电网确定的事故等级不同时，按照等级最高者确定事故等级。具体详见表1-1。

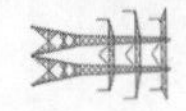

表 1-1　电力安全事故等级划分标准

判定项 / 事故等级	造成电网减供负荷的比例	造成城市供电用户停电的比例	发电厂或者变电站因安全故障造成全厂（站）对外停电的影响和持续时间	发电机组因安全故障停运的时间和后果	供热机组对外停止供热的时间
特别重大事故	区域性电网减供负荷30%以上； 电网负荷20000MW以上的省、自治区电网，减供负荷30%以上； 电网负荷5000～20000MW的省、自治区电网，减供负荷40%以上； 直辖市电网减供负荷50%以上； 电网负荷2000MW以上的省、自治区人民政府所在地城市电网减供负荷60%以上	直辖市60%以上供电用户停电； 电网负荷2000MW以上的省、自治区人民政府所在地城市70%以上供电用户停电			
重大事故	区域性电网减供负荷10%～30%； 电网负荷20000MW以上的省、自治区电网，减供负荷13%～30%； 电网负荷5000～20000MW的省、自治区电网，减供负荷16%～40%；	直辖市30%～60%供电用户停电； 省、自治区人民政府所在地城市50%以上供电用户停电			

续表

判定项 / 事故等级	造成电网减供负荷的比例	造成城市供电用户停电的比例	发电厂或者变电站因安全故障造成全厂(站)对外停电的影响和持续时间	发电机组因安全故障停运的时间和后果	供热机组对外停止供热的时间
重大事故	电网负荷1000 ~ 5000MW的省、自治区电网，减供负荷50%以上； 直辖市电网减供负荷20% ~ 50%； 省、自治区人民政府所在地城市电网减供负荷40%以上（电网负荷2000MW以上的，减供负荷40% ~ 60%）； 电网负荷600MW以上的其他设区的市电网减供负荷60%以上	（电网负荷2000MW以上的，50%~70%）； 电网负荷600MW以上的其他设区的市70%以上供电用户停电			
较大事故	区域性电网减供负荷7% ~ 10%； 电网负荷20000MW以上的省、自治区电网，减供负荷10% ~ 13%； 电网负荷5000 ~ 20000MW的省、自治区电网，减供负荷12% ~ 16%；	直辖市15% ~ 30%供电用户停电； 省、自治区人民政府所在地城市30% ~ 50%供电用户停电；	发电厂或者220kV以上变电站因安全故障造成全厂（站）对外停电，导致	发电机组因安全故障停止运行超过行业标准规定的大修时间两周，	供热机组装机容量200MW以上的热电厂，在当地人民政府规定的采暖期内同

续表

判定项 / 事故等级	造成电网减供负荷的比例	造成城市供电用户停电的比例	发电厂或者变电站因安全故障造成全厂（站）对外停电的影响和持续时间	发电机组因安全故障停运的时间和后果	供热机组对外停止供热的时间
较大事故	电网负荷1000～5000MW的省、自治区电网，减供负荷20%～50%； 电网负荷1000MW以下的省、自治区电网，减供负荷40%以上； 直辖市电网减供负荷10%～20%； 省、自治区人民政府所在地城市电网减供负荷20%～40%； 其他设区的市电网减供负荷40%以上（电网负荷600MW以上的，减供负荷40%～60%）； 电网负荷150MW以上的县级市电网减供负荷60%以上	其他设区的市50%以上供电用户停电（电网负荷600MW以上的，50%～70%）； 电网负荷150MW以上的县级市70%以上供电用户停电	周边电压监视控制点电压低于调度机构规定的电压曲线值20%并且持续时间30min以上，或者导致周边电压监视控制点电压低于调度机构规定的电压曲线值10%并且持续时间1h以上	并导致电网减供负荷	时发生2台以上供热机组因安全故障停止运行，造成全厂对外停止供热并且持续时间48h以上

续表

判定项 / 事故等级	造成电网减供负荷的比例	造成城市供电用户停电的比例	发电厂或者变电站因安全故障造成全厂(站)对外停电的影响和持续时间	发电机组因安全故障停运的时间和后果	供热机组对外停止供热的时间
一般事故	区域性电网减供负荷4% ~ 7%； 电网负荷20000MW以上的省、自治区电网，减供负荷5% ~ 10%； 电网负荷5000 ~ 20000MW的省、自治区电网，减供负荷6% ~ 12%； 电网负荷1000 ~ 5000MW的省、自治区电网，减供负荷10% ~ 20%； 电网负荷1000MW以下的省、自治区电网，减供负荷25% ~ 40%； 直辖市电网减供负荷5% ~ 10%； 省、自治区人民政府所在地城市电网减供负荷10% ~ 20%； 其他设区的市电网减供负荷20% ~ 40%； 县级市减供负荷40%以上（电网负荷150MW以上的，减供负荷40% ~ 60%）	直辖市10%~15%供电用户停电； 省、自治区人民政府所在地城市15% ~ 30%供电用户停电； 其他设区的市30% ~ 50%供电用户停电； 县级市50%以上供电用户停电（电网负荷150MW以上的，50%~70%）	发电厂或者220kV以上变电站因安全故障造成全厂（站）对外停电，导致周边电压监视控制点电压低于调度机构规定的电压曲线值5% ~ 10%并且持续时间2h以上	发电机组因安全故障停止运行超过行业标准规定的小修时间两周，并导致电网减供负荷	供热机组装机容量200MW以上的热电厂，在当地人民政府规定的采暖期内同时发生2台以上供热机组因安全故障停止运行，造成全厂对外停止供热并且持续时间24h以上

二、事故报告

（1）事故发生后，事故现场有关人员应当立即向发电厂、变电站运行值班人员、电力调度机构值班人员或者本企业现场负责人报告。有关人员接到报告后，应当立即向上一级电力调度机构和本企业负责人报告。本企业负责人接到报告后，应当立即向国务院电力监管机构设在当地的派出机构（以下称事故发生地电力监管机构）、县级以上人民政府安全生产监督管理部门报告；热电厂事故影响热力正常供应的，还应当向供热管理部门报告；事故涉及水电厂（站）大坝安全的，还应当同时向有管辖权的水行政主管部门或者流域管理机构报告。

电力企业及其有关人员不得迟报、漏报或者瞒报、谎报事故情况。

（2）事故发生地电力监管机构接到事故报告后，应当立即核实有关情况，向国务院电力监管机构报告；事故造成供电用户停电的，应当同时通报事故发生地县级以上地方人民政府。

对特别重大事故、重大事故，国务院电力监管机构接到事故报告后应当立即报告国务院，并通报国务院安全生产监督管理部门、国务院能源主管部门等有关部门。

（3）事故报告应当包括下列内容：

1）事故发生的时间、地点（区域）以及事故发生单位；

2）已知的电力设备、设施损坏情况，停运的发电（供热）机组数量、电网减供负荷或者发电厂减少出力的数值、停电（停热）范围；

3）事故原因的初步判断；

4）事故发生后采取的措施、电网运行方式、发电机组运行状况以及事故控制情况；

5）其他应当报告的情况。

事故报告后出现新情况的，应当及时补报。

（4）事故发生后，有关单位和人员应当妥善保护事故现场以及工作日志、工作票、操作票等相关材料，及时保存故障录波图、电力调度数据、发电机组运行数据和输变电设备运行数据等相关资料，并在事故调查组成立后将相关材料、资料移交事故调查组。

因抢救人员或者采取恢复电力生产、电网运行和电力供应等紧急措施，需要改变事故现场、移动电力设备的，应当做出标记、绘制现场简图，妥善保存重要痕迹、物证，并作出书面记录。

任何单位和个人不得故意破坏事故现场，不得伪造、隐匿或者毁灭相关证据。

三、事故应急处置

（1）国务院电力监管机构依照《突发事件应对法》和《国家突发公共事件总体应急预案》，组织编制国家处置电网大面积停电事件应急预案，报国务院批准。

有关地方人民政府应当依照法律、行政法规和国家处置电网大面积停电事件应急预案，组织制定本行政区域处置电网大面积停电事件应急预案。

处置电网大面积停电事件应急预案应当对应急组织指挥体系及职责，应急处置的各项措施，以及人员、资金、物资、技术等应急保障做出具体规定。

（2）电力企业应当按照国家有关规定，制定本企业事故应急预案。

电力监管机构应当指导电力企业加强电力应急救援队伍建设，完善应急物资储备制度。

（3）事故发生后，有关电力企业应当立即采取相应的紧急处置措施，控制事故范围，防止发生电网系统性崩溃和瓦解；事故危及人身和设备安全的，发电厂、变电站运行值班人员可以按照

有关规定，立即采取停运发电机组和输变电设备等紧急处置措施。

事故造成电力设备、设施损坏的，有关电力企业应当立即组织抢修。

（4）根据事故的具体情况，电力调度机构可以发布开启或者关停发电机组、调整发电机组有功和无功负荷、调整电网运行方式、调整供电调度计划等电力调度命令，发电企业、电力用户应当执行。

事故可能导致破坏电力系统稳定和电网大面积停电的，电力调度机构有权决定采取拉限负荷、解列电网、解列发电机组等必要措施。

（5）事故造成电网大面积停电的，国务院电力监管机构和国务院其他有关部门、有关地方人民政府、电力企业应当按照国家有关规定，启动相应的应急预案，成立应急指挥机构，尽快恢复电网运行和电力供应，防止各种次生灾害的发生。

（6）事故造成电网大面积停电的，有关地方人民政府及有关部门应当立即组织开展下列应急处置工作：

1）加强对停电地区关系国计民生、国家安全和公共安全的重点单位的安全保卫，防范破坏社会秩序的行为，维护社会稳定；

2）及时排除因停电发生的各种险情；

3）事故造成重大人员伤亡或者需要紧急转移、安置受困人员的，及时组织实施救治、转移、安置工作；

4）加强停电地区道路交通指挥和疏导，做好铁路、民航运输以及通信保障工作；

5）组织应急物资的紧急生产和调用，保证电网恢复运行所需物资和居民基本生活资料的供给。

（7）事故造成重要电力用户供电中断的，重要电力用户应当按照有关技术要求迅速启动自备应急电源；启动自备应急电源无效的，电网企业应当提供必要的支援。

事故造成地铁、机场、高层建筑、商场、影剧院、体育场馆等人员聚集场所停电的，应当迅速启用应急照明，组织人员有序疏散。

（8）恢复电网运行和电力供应，应当优先保证重要电厂厂用电源、重要输变电设备、电力主干网架的恢复，优先恢复重要电力用户、重要城市、重点地区的电力供应。

（9）事故应急指挥机构或者电力监管机构应当按照有关规定，统一、准确、及时发布有关事故影响范围、处置工作进度、预计恢复供电时间等信息。

四、事故调查处理和法律责任

《电力安全事故条例》对不同事故等级的调查权限、事故调查组织、事故调查期限、事故调查报告内容、事故调查中的技术鉴定和评估、结束事故调查程序、事故防范和整改措施的落实和监督检查等，作了明确的规定。

《电力安全事故条例》对电力企业、电力企业负责人、电力监管机构、有关地方人民政府以及其他负有安全生产监督管理职责的有关部门，明确了相应的法律责任和处罚规定。《电力安全事故条例》对发生事故的电力企业主要负责人，规定了经济罚款、行政处分等严厉的处罚条款。

第五节　应急管理部门规章

一、《突发事件应急预案管理办法》

2013年10月25日，国务院办公厅以国办发〔2013〕101号

印发《突发事件应急预案管理办法》，共九章34条。这是贯彻实施《中华人民共和国突发事件应对法》，加强应急管理工作，深入推进应急预案体系建设的重要举措。《突发事件应急预案管理办法》主要从以下几个方面提升了我国的突发事件应急预案管理工作。

1. 明确应急预案的概念和管理原则

首次从国家层面明确了应急预案的概念，强调应急预案是各级人民政府及其部门、基层组织、企事业单位、社会团体等为了依法、迅速、科学、有序应对突发事件而预先制定的工作方案。这种定位包含了4个方面的内涵：

（1）应急预案是法律法规的必要补充，是在法律规范内根据特定区域、部门、行业和单位应对突发事件的需要而制定的具体执行方案。《中华人民共和国突发事件应对法》要求“突发事件应对工作实行预防为主、预防与应急相结合的原则”，应急预案就是从常态向非常态转变的工作方案，目的是在既有的制度安排下尽量提高应急响应速度。

（2）应急预案是体制机制的重要载体。应急预案要对应急组织体系与职责、人员、技术、装备、设施设备、物资、救援行动及其指挥与协调等预先做出具体安排，明确在突发事件发生之前、发生过程中以及刚刚结束之后，谁来做？做什么？怎么做？何时做？以及相应的处置方法和资源准备等。所以，应急预案实际上是各个相关地区、部门和单位为及时有效应对突发事件事先制定的任务清单、工作程序和联动协议，以确保应对工作科学有序，最大限度地减少突发事件造成的损失和危害。

（3）应急预案重点规范事发过程中的应对工作，适当向前、向后延伸。向前延伸主要是指应急预防和应急准备等，向后延伸主要是指应急恢复，包括有效防止和应对次生、衍生事件。

（4）应急预案是立足现有资源的应对方案，主要是使应急资源找得到、调得动、用得好，而不是能力建设的实施方案。

《突发事件应急预案管理办法》明确了应急预案管理要遵循统一规划、分类指导、分级负责、动态管理的原则，这也是首次在国家层面对应急预案的管理原则提出要求。

2. 规范应急预案的分类和内容

《突发事件应急预案管理办法》坚持继承和创新相结合，依据《突发事件应对法》关于“国家建立统一领导、综合协调、分类管理、分级负责、属地管理为主的应急管理体制”的原则，按照制定主体将应急预案划分为政府及其部门应急预案、单位和基层组织应急预案两大类，将政府及其部门应急预案分为总体应急预案、专项应急预案、部门应急预案3类，既没有对我国应急预案体系进行大的变动，又充分考虑了政府及其部门与单位和基层组织在应急工作中的分工明显不同。同时，为避免上下一般粗、体系性重复问题，《突发事件应急预案管理办法》从以下三个方面细化了预案内容界定。

（1）根据预案的不同种类界定应急预案的具体内容。对政府总体预案、专项预案和部门预案，以及单位和基层组织应急预案各自应规范的内容，都做出了详细规定。

（2）根据预案的不同层级界定专项和部门预案的具体内容。比如，明确国务院及其部门应急预案重点规范国家层面应对行动，同时体现政策性和指导性；省级人民政府及其部门应急预案重点规范省级层面应对行动，同时体现指导性；市级和县级人民政府及其部门应急预案重点规范市级和县级层面应对行动，体现应急处置的主体职能；乡镇人民政府应急预案重点规范乡镇层面应对行动，体现先期处置特点。

（3）根据预案的不同任务界定有关应急预案的具体内容。比

如，明确针对重要基础设施、生命线工程等重要目标物保护的应急预案，侧重明确风险隐患及防范措施、监测预警、信息报告、应急处置和紧急恢复等内容；针对重大活动保障制定的应急预案，侧重明确活动安全风险隐患及防范措施、监测预警、信息报告、应急处置、人员疏散撤离组织和路线等内容。

3. 规范应急预案的编制程序

《突发事件应急预案管理办法》的一大亮点是在总结近年来应急预案体系建设实践经验、吸收最新理论成果、借鉴国际经验基础上，规范了应急预案的编制、审批、备案、公布和修订程序，对保障应急预案质量，提高应急预案的针对性、实用性和可操作性有重要意义。

4. 建立应急预案的持续改进机制

应急预案不是一成不变的，必须与时俱进。一定意义上，应急预案的生命力和有效性就在于不断地更新和改进。《突发事件应急预案管理办法》对此提出了明确要求，从多个角度推动建立应急预案的持续改进机制。

（1）明确了应急预案应当及时修订的7种情形。包括：有关法律、法规、规章、标准、上位预案发生变化的；应急指挥机构及其职责发生调整的；面临的风险或其他重要环境因素发生变化的；重要应急资源发生重大变化的；预案中的其他重要信息发生变化的；在突发事件实际应对和应急演练中发现需要做出重大调整的；应急预案制订单位认为应当修订的其他情况。

（2）要求通过应急演练修订应急预案。实践证明，演练对检验预案、完善准备、锻炼队伍、磨合机制有重要作用。《突发事件应急预案管理办法》要求根据实际情况采取实战演练、桌面推演等方式，组织开展人员广泛参与、处置联动性强、形式多样、节约高效的应急演练，并对演练的频率提出了明确要求。近年来，一些单位还积极推广“双盲”演练（不预告时间、不预告地点）等，高标准、严要求，及时发现预案中存在的问题，进而改进完善应急预案。

（3）要求通过建立定期评估制度和广纳意见修订应急预案。实践是检验应急预案是否有用、管用、实用的最好办法。应急预案编制单位通过总结突发事件应急处置工作的经验教训，制订改进措施，进一步完善应急预案，有利于实现应急预案的动态优化。

5. 强化应急预案管理的组织保障

目前不少地方和单位对制订应急预案还有应付的现象，没有列入重要议事日程，没有给予必要的人力、财力支持，导致事发后惊慌失措、手忙脚乱。为解决这方面的问题，《突发事件应急预案管理办法》要求各级政府及其有关部门要对本行政区域、本行业（领域）应急预案管理工作加强指导和监督。比如，针对生产安全、食品安全、校园安全、环境污染事故等，可由安全生产监管、食品药品监管、教育、环境保护等部门制定行业性的编制指南或者实施办法；各地区也可出台指导基层组织编制应急预案的指南等。各级政府及其有关部门、各有关单位要指定专门机构和人员负责相关具体工作，将应急预案规划、编制、审批、发布、演练、修订、培训、宣传教育等工作所需经费纳入预算统筹安排。

二、《企业安全生产应急管理九条规定》

2015年2月28日，国家安全监管总局发布第74号令，颁布实施《企业安全生产应急管理九条规定》，其主要内容由九个“必须”组成，抓住了企业安全生产应急管理的主要矛盾和关键问题，为进一步加强安全生产应急管理工作提出了具体意见和要求。

《企业安全生产应急管理九条规定》是企业安全生产应急管理

工作的基本要求和底线。地方各级安全生产应急管理部门和各类企业要以贯彻执行《企业安全生产应急管理九条规定》为契机，落实责任、突出重点，推动企业安全生产应急管理工作再上新台阶，严防事故特别是较大以上事故发生，促进全国安全生产形势持续稳定好转。

1. 主要特点

（1）突出重点，针对性强。

《企业安全生产应急管理九条规定》结合企业安全生产应急管理工作实际，在归纳总结近些年应急管理和事故应急救援与处置工作的经验教训基础上，从企业落实责任、机构人员、队伍装备、预案演练、培训考核、情况告知、停产撤人、事故报告、总结评估等九个方面提出要求，明确了企业应急管理工作中最基本、最重要的规定，突出了应急管理的关键要素。

（2）依据充分，执行力强。

《企业安全生产应急管理九条规定》中的每一个"必须"，都依据《中华人民共和国安全生产法》《突发事件应对法》《生产安全事故报告和调查处理条例》《危险化学品安全管理条例》等法律法规要求，按照《国务院关于加强企业安全生产工作的通知》《国务院安委会关于进一步加强生产安全事故应急处置工作的通知》《生产安全事故预案管理办法》等文件和部门规章要求，做到有法可依、有章可循，确保了《企业安全生产应急管理九条规定》的严肃性和科学性。《企业安全生产应急管理九条规定》以总局局长令形式发布，具有法律效力，企业必须严格执行。

（3）简明扼要，便于熟记。

《企业安全生产应急管理九条规定》的内容只有425个字，简明扼要，一目了然。虽然有的要求被多次提及，但散落在多项法律法规和技术标准之中，许多企业负责人、安全管理人员和从业人员不够熟悉。《企业安全生产应急管理九条规定》把企业在应急管理工作中应该做、必须做的基本要求都规定得非常清楚，便于记忆和执行。

2. 主要内容和精神实质

（1）必须落实企业主要负责人是安全生产应急管理第一责任人的工作责任制，层层建立安全生产应急管理责任体系。

企业是生产经营活动的主体，是保障安全生产和应急管理的根本和关键所在。做好应急管理工作，强化和落实企业主体责任是根本，强化落实企业主要负责人是应急管理第一责任人是关键，这已经被我国的安全生产和应急管理实践所证明。企业主要负责人作为应急管理的第一责任人，必须对本单位应急管理工作的各个方面、各个环节都要负责，而不是仅仅负责某些方面或者部分环节；必须对本单位应急管理工作全程负责，不能间断；必须对应急管理工作负最终责任，不能以任何借口规避、逃避。

安全生产应急管理责任体系是明确本单位各岗位应急管理责任及其配置、分解和监督落实的工作体系，是保障本单位应急管理工作顺利开展的关键制度体系。实践证明，只有建立、健全应急管理责任体系，才能做到明确责任、各负其责；才能更好地互相监督、层层落实责任，真正使应急管理有人抓、有人管、有人负责。因此，层层建立安全生产应急管理责任体系是企业加强安全生产应急管理的最为重要的途径。

（2）必须依法设置安全生产应急管理机构，配备专职或者兼职安全生产应急管理人员，建立应急管理工作制度。

落实企业应急管理主体责任，需要企业在内部机构设置和人员配备上予以充分保障。应急管理机构和应急管理人员，是企业开展应急管理工作的基本前提，在企业的应急管理工作中发挥着不可或缺的重要作用。应急管理机构的规模、人员结构、专业

技能等，应根据不同企业的实际情况和特点确定。企业规模较小的，可以不设置专职安全生产应急管理人员，但必须指定兼职的安全生产应急管理人员。兼职应急管理人员应该具有与专职应急管理人员相同的素质和能力，能够承担企业日常的应急管理工作，并在企业发生事故时具有相应的事故响应和处置能力。为了保证应急管理机构和人员能够适应应急管理工作需要，应对应急管理人员进行必要的培训演练，使其适应工作需要。

企业建立的应急管理工作制度，是企业根据有关法律、法规、规章，结合自身情况和安全生产特点制定的关于应急管理工作的规范和要求，是保证企业应急管理工作规范、有效开展的重要保障，也是开展应急工作最直接的制度依据。企业要强化并规范应急管理工作，就必须建立、健全应急管理各项工作制度，并保证其有效实施。

（3）必须依法建立专（兼）职应急救援队伍或与邻近专职救援队签订救援协议，配备必要的应急装备、物资，危险作业必须有专人监护。

企业应当按照专业救援和职工参与相结合、险时救援和平时防范相结合的原则，建设以专业队伍为骨干、兼职队伍为辅助、职工队伍为基础的企业应急救援队伍体系。企业建立了专（兼）职应急救援队伍，在事故发生时，才能够在第一时间迅速、有效地投入救援与处置工作，防止事故进一步扩大，最大限度地减少人员伤亡和财产损失。在无法建立专（兼）职应急救援队伍的情况下，应与邻近的专职应急救援队伍签订救援协议，确保事故状态下能够有专业救援队伍到场开展应急处置。

配备必要的应急救援装备、物资，是开展应急救援不可或缺的保障，既可以保障救援人员的人身安全，又可以保障救援工作的顺利进行。应急救援装备、物资必须在平时就予以储备，确保事故发生时可立即投入使用。企业要根据生产规模、经营活动性质、安全生产风险等客观条件，以满足应急救援工作的实际需要为原则，有针对性、有选择地配备相应数量、种类的应急救援装备、物资。同时，要注意装备、物资的维护和保养，确保处于正常运转状态。

企业开展爆破、吊装等危险作业必须安排专人进行现场安全管理，确保操作规程的遵守和安全措施的落实，并设立监护人员、加强监护措施。安排专人监护，对于保证危险作业的现场安全特别是作业人员的安全十分重要。所谓专人，是指具有一定安全知识、熟悉风险作业特点和操作规程，并具有救援能力的人员。监护人员要严格履行现场安全管理的职责，包括监督操作人员遵守操作规程，检查各项安全措施落实情况，处置现场紧急事件，第一时间开展现场救援，确保危险作业的安全。

（4）必须在风险评估的基础上，编制与当地政府及相关部门相衔接的应急预案，重点岗位制定应急处置卡，每年至少组织一次应急演练。

企业要对存在的危险因素较多、危险性较大、事故易发多发区域和重大危险源开展全面细致的风险评估，对各种危险因素进行综合的分析、判断，掌握其危险程度，针对危险因素特点和危险程度制定相应的应急措施，避免事故发生或者降低事故造成的损失。风险评估的结论，对于企业有针对性地开展应急培训、演练、装备物资储备和救援指挥程序等全环节的应急管理活动都具有重要现实意义，应当高度重视并切实做好风险评估工作。

企业应根据有关法律法规制定适用于本企业的事故应急预案，并与当地人民政府组织制定的综合性生产安全事故应急预案相衔接，确保协调一致，互相配套，一旦启动能够顺畅运行，提高事故应急救援工作的效率。

企业应按照《生产安全事故应急预案管理办法》和《生产安全事故应急演练指南》的要求，对应急预案定期组织演练，使企业主要负责人、有关管理人员和从业人员都能够身临其境积累“实战”经验，熟悉、掌握应急预案的内容和要求，相互协作、配合。同时，通过组织演练，也能够发现应急预案存在的问题，及时修改完善。若企业关键、重点岗位从业人员及管理人员发生变动时，必须组织相关人员开展演练活动，并考虑增加演练频次，使相关人员尽快熟练掌握岗位所需的应急知识，提高处置能力。

定期组织应急演练是企业的一项法定义务。要坚决纠正重演轻练的错误倾向，真正通过演练检验预案、磨合机制、锻炼队伍、教育公众。企业要按照《生产安全事故应急预案管理办法》中关于演练次数的要求，每年至少组织一次综合应急演练或者专项应急演练。

重点岗位应急处置卡是加强应急知识普及、面向企业一线从业人员的应急技能培训和提高自救互救能力的有效手段。应急处置卡是在编制企业应急预案的基础上，针对车间、岗位存在的危险性因素及可能引发的事故，按照具体、简单、针对性强的原则，做到关键、重点岗位的应急程序简明化、牌板化、图表化，制定出的简明扼要现场处置方案，在事故应急处置过程中可以简便快捷地予以实施。这一方面有利于使从业人员做到心中有数，提高安全生产意识和事故防范能力，减少事故发生，降低事故损失，另一方面方便企业如实告知从业人员应当采取的防范措施和事故应急措施，提高自救互救能力。

（5）必须开展从业人员岗位应急知识教育和自救互救、避险逃生技能培训，并定期组织考核。

岗位应急知识是应急培训的重要内容，从业人员掌握了这些知识，可以在事故发生时有效应对，在保护自身安全的同时采取应急处置措施，防止事故扩大，减少事故损失。

应急处置是一个复杂的系统工程，作为岗位从业人员，在事故发生后第一时间开展自救互救、逃生，对于减少事故造成的人员伤亡具有十分重要的作用。岗位从业人员是企业安全生产应急管理的第一道防线，是生产安全事故应急处置的首要响应者。加强岗位从业人员的应急培训，特别是加强岗位应急知识教育和自救互救、避险逃生技能的培训，既是全面提高企业应急处置能力的要求，也是有效防止因应急知识缺乏导致事故扩大的迫切需要。

企业要提高认识，认真履行职责，以全面提升岗位从业人员应急能力为目标，制定培训计划、设置培训内容、严格培训考核、抓好培训落实。要牢牢坚守“发展决不能以牺牲人的生命为代价”这条红线，牢固树立培训不到位是重大安全隐患的理念，全面落实应急培训主体责任。必须按照国家有关规定对所有岗位从业人员进行应急培训，确保其具备本岗位安全操作、自救互救以及应急处置所需的知识和技能，不断提升岗位从业人员应急能力。

企业还应当建立安全生产教育培训档案，如实记录培训的时间、内容、参加人员以及考核结果等情况。企业要将应急知识培训作为岗位从业人员的必修课并进行考核，建立健全适应企业自身发展的应急培训与考核制度，确保应急培训和考核效果。将考核结果与员工绩效挂钩，实行企业与员工在应急培训考核上双向盖章、签字管理，严禁形式主义和弄虚作假，切实做到企业每发展一步，应急培训就跟进一课，考核就进行一次，始终保持应急培训和考核的规范化、制度化。

（6）必须向从业人员告知作业岗位、场所危险因素和险情处置要点，高风险区域和重大危险源必须设立明显标识，并确保逃生通道畅通。

企业的生产行为多种多样，作业场所和工作岗位存在危险因

素也是多种多样的。对于从业人员来说，熟悉作业场所和工作岗位存在的危险因素、应采取的防范措施和事故应急措施十分重要。因此，企业有义务告知从业人员作业场所和工作岗位存在的危险因素、应当采取的防范措施和事故应急措施、险情处置要点等。这一方面有利于从业人员做到心中有数，提高应急处置意识和事故防范能力，减少事故发生，降低事故损失；另一方面也是从业人员知情权的体现。因此，对作业场所和工作岗位存在的危险因素、应当采取的防范措施和事故应急措施，企业应当如实告知从业人员。如实告知是指按实际情况告知，不得隐瞒、保留，更不能欺骗从业人员。

在高风险区域和重大危险源场所或者有关设施、设备上设立明显的安全警示标识，可以提醒、警告作业人员或者其他有关人员时刻清醒认识所处环境的危险，提高注意力，加强自身安全保护，严格遵守操作规程，减少事故的发生。因此，企业在高风险区域和重大危险源设立明显标识，是企业的一项法定义务，也是企业应急管理的重要内容，必须高度重视，认真执行。国家制定了一系列关于安全警示标识的标准，如《安全标示》《安全标示使用导则》《安全色》《矿山安全标示图》和《工作场所职业病危害警示标识》等，国家安监总局还建立了安全警示标志管理制度。这些标准和制度都是企业切实履行义务的重要依据。

关于逃生通道畅通，这是实践中血的教训总结出的结论。一些企业的生产经营场所建设不符合安全要求，不设紧急出口或出口不规范；有的虽然设了紧急出口，但没有疏散标志或标志不明显；有的疏散通道乱堆乱放，不能保证畅通，发生事故时从业人员无法紧急疏散。也有一些企业出于各种目的，锁闭、封堵生产经营场所或者员工宿舍的出口，致使发生事故时从业人员逃生无门，造成大量的人员伤亡。为了从制度上解决这一问题，避免类似悲剧再次发生，《安全生产法》明确规定，“生产经营场所和员工宿舍应当设有符合紧急疏散需要、标志明显、保持畅通的出口。禁止锁闭、封堵生产经营场所或者员工宿舍的出口。”这就要求企业的生产经营场所和员工宿舍在建设时就要考虑好疏散通道、安全出口，出口应当有明显标志，即标志应在容易看到的地方，并保证标志清晰、规范、易于识别。出口应随时保持畅通，不得堆放有碍通行的物品。更不能以任何理由、任何方式，锁闭、封堵生产经营场所或者员工宿舍的出口。

（7）必须落实从业人员在发现直接危及人身安全的紧急情况时停止作业，或在采取可能的应急措施后撤离作业场所的权利。

《安全生产法》明确规定，从业人员发现直接危及人身安全的紧急情况，如果继续作业很有可能会发生重大事故时（如矿井内瓦斯浓度严重超标），有权停止作业；或者事故马上就要发生，不撤离作业场所就会造成重大伤亡时，可以在采取可能的应急措施后撤离作业场所。《国务院关于进一步加强企业安全生产工作的通知》文件提出，赋予企业生产现场带班人员、班组长和调度人员在遇到险情第一时间下达停产撤人命令的直接决策权和指挥权。由于企业活动具有不可完全预测的风险，从业人员在作业过程中有可能会突然遇到直接危及人身安全的紧急情况。此时，如果不停止作业或者不撤离作业场所，就极有可能造成重大的人身伤亡。因此，必须赋予从业人员在紧急情况下可以停止作业以及撤离作业场所的权利，这是从业人员可以自行做出的一项保证生命安全的重要决定，企业必须无条件落实。

在企业生产经营活动中，从业人员如何判断“直接危及人身安全的紧急情况”，采取什么“可能的应急措施”，需要根据现场具体情况来判断。从业人员应正确判断险情危及人身安全的程度，行使这一权利既要积极，又要慎重。因此，应不断提升从业

人员安全培训教育，特别是应急处置能力的培训教育，全面提升从业人员的基本素质，使从业人员掌握本岗位所需要的应急管理知识，提高第一时间应急处置技能，不断增强事故防范能力。

（8）必须在险情或事故发生后第一时间做好先期处置，及时采取隔离和疏散措施，并按规定立即如实向当地政府及有关部门报告。

《国务院安委会关于进一步加强生产安全事故应急处置工作的通知》对应急处置过程的管理和控制提出了严格要求。企业负责人的重要责任之一就是组织本企业事故的抢险救援。企业负责人是最有条件开展第一时间处置的，在第一时间组织抢救，又熟悉本企业生产经营活动和事故的特点，其迅速组织救援，避免事故扩大，意义重大。在开展先期处置的过程中，企业要充分发挥现场管理人员和专业技术人员以及救援队伍指挥员的作用，根据需要及时划定警戒区域，及时采取隔离和疏散措施。同时，企业要立即报告驻地政府并及时通知周边群众撤离，对现场周边及有关区域实行交通管制，确保救援安全、顺利开展。

《安全生产法》《突发事件应对法》等法律中明确规定：事故发生后，事故现场有关人员应当立即报告本单位负责人，企业负责人要按照国家有关规定立即向当地负有安全生产监管职责的部门如实报告。这里的“规定”是指《特种设备安全法》和《生产安全事故报告和调查处理条例》以及其他相关的法律、行政法规。这些法律、行政法规对单位负责人报告事故的时限、程序、内容等做了明确规定。按照要求，单位负责人应当在接到事故报告后1小时内向事故发生地县级以上人民政府安全生产监督管理部门和负有安全生产监督管理职责的有关部门报告。事故报告的内容包括事故企业概况或者可能造成的伤亡人数，已经采取的措施以及其他应当报告的情况。企业负责人应当将这些情况全面、如实上报，不得隐瞒不报、谎报或者迟报，以免影响及时组织更有力的应急救援工作。

（9）必须每年对应急投入、应急准备、应急处置与救援等工作进行总结评估。

落实应急处置总结评估制度，是贯彻落实《国务院安委会关于进一步加强生产安全事故应急处置工作的通知》的一个重要体现，其要求建立健全事故应急处置总结和评估制度，并对总结报告的主要内容作了明确规定，要求在事故调查报告中对应急处置做出评估结论。

《国家突发公共事件总体应急预案》中，对应急保障工作提出了明确要求，其中关于财力及物资保障方面的要求对企业开展应急投入和应急准备具有指导作用。企业作为安全生产应急管理工作的主体，必须强化并落实《安全生产法》《突发事件应对法》中关于安全投入、应急准备和应急处置与救援的各方面要求。企业应当确保应急管理所需的资金、技术、装备、人员等方面投入，应急投入必须满足日常应急管理工作需要，且必须保障紧急情况下特别是事故处置和救援过程中的应急投入，确保投入到位。企业要针对安全生产和应急管理的季节性特点，进一步强化防范自然灾害引发的生产安全事故，加强汛期等重点时段的应急准备，强化应急值守、加强巡视检查、做好物资储备、做到有备无患。在事故应急救援和处置结束后，要及时总结事故应急救援和处置情况，按照国家安监总局办公厅印发的《生产安全事故应急处置评估暂行办法》的要求，详细总结相关情况，并按照要求向地方政府负有安全生产和应急管理职责的部门进行报告。

以上工作内容，企业需按年度进行总结评估，并通过总结评估不断改进、提升企业的应急管理工作水平。

第二章

应急救援基础知识

第一节 应急管理

一、应急管理的定义和特征

应急管理是在应对突发事件的过程中，为了预防和减少突发事件的发生，控制、减轻和消除突发事件引起的危害，基于对造成突发事件的原因、突发事件发生和发展过程以及所产生的负面影响进行科学分析，有效集成社会和企业各方面的资源，对突发事件进行有效预防、准备、响应和恢复的一整套理论、方法和技术体系。

概括的表述，应急管理就是对突发事件进行有效预防、准备、响应和恢复的过程。

1. 应急管理的理解要点

（1）降低→危害；

（2）分析→发生发展机理和负面影响；

（3）集成→资源；

（4）应对→突发事件。

2. 应急管理的特征

（1）应急管理主体：可以是政府、部门、学校、医院、社会组织和社会团体；也可以是企业事业单位、工区、班组、家庭和个人。

（2）应急管理对象：突发事件。

（3）应急管理目标：降低或减少突发事件带来的影响和损失。

（4）应急管理阶段：预防、准备、响应、恢复。

二、应急管理的四个阶段

1. 应急预防

应急预防，是应急管理的首要工作。能把突发事件消除在萌芽状态，是应急管理的最高境界。在此阶段，任何突发事件都最容易得到控制，花费的成本最小。在突发事件萌芽的情况下，预防性措施全面到位，将突发事件迅速控制，避免突发事件的恶化或扩大，最大限度地减少突发事件造成的人员伤亡、财产损失和社会影响。

应急预防体现了“预防为主、预防与应急相结合”的应急工作原则，是为预防突发事件发生或恶化而做的预防性工作。

（1）应急预防的含义。

1）预防和减少突发事件发生的机会（少发生）。

2）假定突发事件已经发生了，预先拟定要采取的措施，避免突发事件的恶化或扩大，减轻灾害、灾难和灾祸造成的危害。

（2）应急预防的具体情形。

1）事先进行危险源辨识和风险分析，通过预测可能发生的突发事件，采取风险控制措施，尽可能地避免突发事件的发生。

2）深入实际，进行事故隐患专项检查，查找问题，通过动态监控，预防突发事件发生。

3）在出现突发事件征兆的情况下，及时采取控制措施，消除突发事件的发生。

4）假定在突发事件发生的情况下，通过提前采取的预防措

施，来有效控制突发事件的发生，最大限度地减少突发事件造成的损失和后果。

（3）应急预防的工作方法。

1）危险辨识：应急管理的第一步，即首先要把本单位、本辖区所存的危险源进行全面认真的普查。

2）风险评价：在危险源普查完成之后，就要理论联系实际，对所有危险源进行风险评价，从中确定可能造成不可接受风险的危险源，即确定应急控制对象。

3）预测预警：根据危险源的危险特性，对应急控制对象可能发生的突发事件进行预测，对出现的突发事件征兆及时发布相关信息进行预警，并采取相应措施，将突发事件消除在萌芽状态。

4）预警控制：假定突发事件必然发生，并将可能出现的情形事先告知相关人员进行预警，同时，将预防措施及相应处置程序（即应急预案的相应处置程序）告知相关人员，以便在突发事件发生之时，能有备无患、有备而战，预防突发事件的恶化或扩大。

应急预防工作都是平时要做的，也是应急管理常态化管理的内容。大量工作靠平时，人们虽然不能完全阻止突发事件的发生，但绝对能够在有准备的情况下减少或降低突发事件带来的损失。

2. 应急准备

应急准备是针对可能发生的突发事件，为迅速、有序地开展应急行动而预先进行的组织准备和应急保障。应急准备的目的，是通过充分的准备，满足突发事件发生状态下的应急救援活动的顺利进行，实现预期的应急救援目标。

（1）应急准备的内容。

应急准备的内容主要包括：成立应急组织、建设应急队伍、培训应急人员、编制应急预案、储备应急物资、配备应急装备、研发应急技术、保障应急通信、畅通应急信息、演练应急预案、联动应急资源、保障应急资金等。

（2）应急准备的工作方法。

1）预案编制。应急救援不能打无准备之仗，应急准备的第一步，就是要编制应急“作战方案”，即应急预案。有了完善的“作战方案”，应急救援就等于成功了一半。

2）应急保障。根据预案的要求，进行人力、物力、财力的准备，为应急救援的具体实施提供保障。各项应急保障是否到位，对应急救援行动的成败起着至关重要的作用。

3）应急培训。应急救援如同战场作战，应急指挥人员如果指挥错误，应急救援人员不会使用装备，应急救援要成功是不可能的。因此，必须对应急指挥人员、应急救援人员及其他应急相关人员，甚至包括相关的社会人员都要进行应急培训，确保做到指挥人员指挥得力、救援人员熟练操作，疏散人员逃生科学。

4）应急演练。应急演练是针对可能发生的突发事件，按照应急预案规定的程序和要求所进行的程序化模拟演习和训练。通过应急演练可以验证应急物资装备是否充分，应急救援程序是否科学，应急救援操作是否正确等，从而可以发现应急预案存在的问题并及时加以修改，避免在实战中出现错误、贻误战机或导致严重后果。同时，应急演练可以提高应急指挥人员的指挥水平、应急队伍的实战水平，能显著提高应急救援的效果。

3. 应急响应

应急响应是在突发事件险情发生状态下，在对突发事件情况进行分析评估的基础上，有关组织或人员按照应急预案所采取的应急救援行动。

（1）应急响应的目的。

1）接到突发事件预警信息后，采取相应措施，化解突发事件于萌芽状态；

2）突发事件发生之后，根据应急预案，采取相应措施，为受害者或受困者提供各种各样的救助，各种救援行动要防止二次伤害，并及时收集灾情信息等，最大限度地减少人员伤亡、财产损失和社会影响。

（2）应急响应的工作方法。

1）事态分析。即对事态进行全面研究、分析。事态分析包括两个主要内容：

① 现状分析，即对突发事件险情、突发事件初期事态进行现状分析。

② 趋势分析，即对突发事件险情和发展趋势进行预测分析。

通过对事态分析，得出突发事件的危险状态，为下一步采取相应的控制措施，特别是对是否启动应急响应提供决策依据。事态分析，是启动应急响应的必要条件。

2）应急响应。根据事态分析结果，尽快采取措施，消除险情。若险情得不到消除，则要根据事态分析结果，得出突发事件危险等级，根据突发事件危险等级，迅速启动相应等级的应急响应和应急措施。

应急响应可划分为两个阶段，即初期应急响应和扩大应急响应。初期应急响应是在突发事件初期，应用本单位的救援力量，使突发事件得到有效控制。但如果突发事件的规模和性质超过本单位的应急能力，则应请求增援和扩大应急响应，以便最终控制突发事件。

3）救援行动。启动应急响应和应急措施，即开始按照应急预案的程序和要求，有组织、有计划、有步骤、有目的地动用应急资源，迅速展开应急救援行动。

4）事态控制。通过一系列紧张有序的应急行动，突发事件得以消除或者控制，事态不会扩大或恶化，特别是不会发生次生灾害，具备恢复常态的基本条件。

4. 应急恢复

应急响应的救援行动结束，并不意味着整个应急救援过程的结束。在宣布应急响应结束之后，还要经过后期处置，即应急恢复。

应急恢复，是指在突发事件得到有效控制后，为使生产、工作、生活和生态环境尽快恢复到正常状态，针对突发事件造成的设备损坏、电网破坏、供电中断等后果，采取的设备更新、电网抢修、恢复供电等措施。

（1）应急恢复情形。

从理论上讲，一般包括短期应急恢复和长期应急恢复两种情形。在实际工作中，一般情况下，应急恢复是指短期恢复，即在突发事件得到彻底控制状态下，较短时间内所采取的恢复正常生产的行动，是应急结束前的收尾工作。长期恢复，一般属于应急结束后的灾后重建。特殊情况下，也可将潜在风险高的恢复性行动，一直作为应急恢复，直到应急结束。

（2）应急恢复的目的。

应急恢复的目的就是在突发事件得到有效控制之后，从根本上消除突发事件隐患，避免事态恶化。通过常态的迅速恢复，减少突发事件损失，弱化不良影响。

（3）应急恢复的工作方法。

1）清理现场。对突发事件现场进行清理，就是将突发事件现场的物品，该回收的回收，该作垃圾清理的进行垃圾外运，该化学洗消的进行化学洗消，最后达到现场物品分类处置、环保达标、干净卫生的要求。

2）常态恢复。配合各方力量，使生产、生活、社会秩序恢复到常态。

总之，应急管理四个阶段构成一个循环，每一阶段都起源于前一阶段，同时又是后一阶段的前提。而且，两个阶段之间会有交叉和重叠。

三、应急管理的规律

规律是事物本质的内在的关系，认识规律才能真正掌握规律，从而运用好规律。应急管理的规律归纳为三个字：防、救、建。

所谓“防”：先其未然谓之防。

所谓“救”：发而止之谓之救。

所谓“建”：毁而复之谓之建。

防为上，救次之，建为下，这就是应急管理的规律。

1. 防

防：包括人防、技防、物防。

人防：包括政府机构、社会团体、企业单位、社会公众、各类应急队伍等。

技防：就是应用技术手段，对突发事件进行监视、监控、监测、预测、预报、预警、预控等。

物防：包括避难场所、逃生设施、应急设备、应急物资等。建筑规划要合理，建筑物体要坚固，应急物资、装备要有储备。

2. 救

救：分自救、互救和公救。自救是依靠自己能力逃生；互救是依靠周围的人救援；公救包括政府组织，志愿者救助。

三者之间，自救第一，互救第二，公救第三。这是因为，生命的延续是有时间限制的，外援力量到达现场要受空间的限制。所以提高人们的自救和互救能力十分重要。

3. 建

建：指基础设施的恢复重建，如公路、铁路、电力、通信、学校、医院、商场、供水等。首先是依靠政府、公建第一；然后

"一方有难、八方支援"，援建第二；最后是艰苦奋斗、重建家园。

四、应急管理的基本框架

应急管理的基本框架是"一案三制"，即应急预案和应急管理体制、机制和法制。

1. 应急预案

应急预案是针对可能发生的各类突发事件（事故），为迅速、有序地开展应急行动而预先制订的行动方案。

应急预案体系建设的要求：横向到边、纵向到底、上下对应、内外衔接。

2. 应急管理体制

应急管理体制是指应急管理的组织体系，包括应急领导体系、应急管理体系、应急指挥体系。

电网企业应急领导体系由各级应急领导小组及其办事机构组成；应急管理体系由安质部和各职能部门组成；应急指挥体系由应急指挥中心和现场应急指挥部组成。

应急管理体制建设的要求：统一领导、综合协调、分类管理、分级负责、属地管理为主。

3. 应急管理机制

应急管理机制是指突发事件发生前后，应对行动如何开展，如何运行。主要包括预防准备、监测预警、信息报告、决策指挥、公众沟通、社会动员、恢复重建、调查评估、应急保障等内容。

应急管理机制建设的要求：统一指挥，协同应对，反应快速，运转高效。

4. 应急管理法制

应急管理法制指应对突发事件的法律、法规、规章。我国目前已基本建立以宪法为依据、以《突发事件应对法》为核心、以

相关单项法律法规为配套的应急管理法律法规体系，应急管理工作也逐渐进入了制度化、规范化、法制化的轨道。

应急管理法制建设的要求：有法可依，有法必依，执法必严，违法必究。

五、应急管理工作的重要性

党中央、国务院十分重视应急管理工作。加强应急管理工作，是关系国家经济社会发展全局和人民群众生命财产安全的大事；是提高处置突发事件能力，预防和减少自然灾害、事故灾难、公共卫生和社会安全事件，保障人民群众生命财产安全，维护社会稳定的必然要求。

（1）加强应急管理，提高预防和处置突发事件的能力，是关系人民群众生命财产安全的大事，是构建社会主义和谐社会的重要内容。

（2）加强应急管理，提高预防和处置突发事件能力，是坚持以人为本、执政为民的重要体现。

（3）加强应急管理，提高预防和处置突发事件能力，是构建企业安全稳定长效机制的重要举措。

六、应急管理工作的任务

应急管理的根本任务是对突发事件做出快速有效的应对，成功地处置突发事件，把损失减到最小。

应急管理的突出作用是通过对突发事件的预防、预警，帮助人们树立忧患意识，未雨绸缪，一旦发生突发事件，能够有效地控制和应对突发事件。

1. 完善预案、健全体系

根据“横向到边、纵向到底、上下对应、内外衔接”的应急预案体系建设要求，根据可能发生的突发事件类型及其应急救援工作的特点，制订“实际、实用、实效”的应急预案。应急预案应健全并成体系，同时与地方政府的应急预案构成上下对应、相互衔接、完善健全的应急预案体系。

2. 预防为主、防救结合

（1）应急管理工作必须立足于防范突发事件的发生，居安思危，警钟长鸣。同时加强安全检查和隐患排查，尤其是加强安全风险管理，提高员工安全风险意识和风险辨别能力。要从安全生产应急管理的角度，着重做好应急预警、加强预防性安全检查、做好隐患排查治理等工作。

（2）强化现场救援工作。及时启动应急响应，组织现场抢救，控制险情，减少损失，做到及时、安全、有序、有效施救。

（3）加强应急培训和宣传教育。应急培训是消除事故隐患、减少事故发生、提高突发事件处置能力的重要举措。企业应利用网络、电视、远程教育等手段，借鉴国内外现代教育培训理论与方法，有计划地开展不同形式的应急管理知识和专业技能培训，增强危机意识，熟悉应急预案，掌握应急处置技术，提高应急能力和素质。

总之，加强应急管理工作是维护社会稳定和电网企业长治久安的重要保障，也是一项需要长期付出艰苦努力的工作任务。

第二节　应急救援

应急救援是在应急响应过程中，为消除、减少突发事件，防止突发事件扩大和恶化，最大限度地降低突发事件造成的损失或危害而采取的救援措施和行动。应急救援是应急管理最重要的环

节，是应急管理的核心任务。

一、应急救援的原则

1. 统一领导、步调一致

统一领导、步调一致，是应急救援的最基本原则。无论应急救援涉及单位的行政级别高低、隶属关系是否相同，都必须按照应急预案的要求，在应急指挥部的统一领导下协调运行，做到号令统一、步调一致。

2. 属地管理、分级响应

因本企业、本地区对事发地的地理情况、气候条件、突发事件情况等信息了解最直接、最清楚，也能以最快的速度到达现场进行救援，并就近灵活调动各种应急资源，因此，坚持属地管理的原则，会最快速、最合理地进行初期救援。分级响应原则，有利于节省应急资源，降低救援成本，弱化不良社会影响。

3. 快速反应、协同应对

根据突发事件具有突发性、快速蔓延性等特点，在突发事件事发初期，应急行动早开始一秒、就多一分主动，这就要求接到报警必须快速行动。同时，应急救援涉及装置操作、消防灭火、医疗救治等各种操作，是一件涉及面广、专业性强的工作，必须依靠各种救援力量的密切配合，协同应对，救援行动才能有序、高效，如果单打独斗，不仅不利于应急救援的成功，还可能造成突发事件的恶化和扩大。

4. 以人为本、救人第一

无论突发事件可能造成多大的财产损失，都必须把保障人民群众的生命安全和身体健康作为应急救援工作的出发点和落脚点，最大限度地减少突发事件造成的人员伤亡和危害。

5. 预案科学、功能实用

根据应急救援工作的现实和发展需要，建立健全高效的应急指挥系统、编制科学完整、简单实用、可操作性强的应急预案，努力采用国内外的先进技术、先进装备，保证应急救援体系的先进性和实用性。

二、应急救援的特点

在进行应急救援活动中，突发事件的突发性、演变的不确定性，会使应急救援过程中出现各种预料不到的情况，具有下列四个明显特点。

1. 复杂性

由于突发事件是突然发生的，原因一般不会很快查清，而且突发事件现场具有何种危险因素也不一定与预想的完全一致。任何事前预想，都可能与事发情况出现或大或小的差异，这就增加了救援行动的复杂性。因此，必须先摸清楚现场情况，综合进行事态分析，才能最终决定采取何种救援行动。

2. 艰巨性

应急救援的对象，是突发事件的危险源。大多数突发事件发生后，即便按照预案要求迅速出动强大的应急救援力量，也很难迅速控制事态的发展。对这类突发事件的应急救援，注定是一项艰巨的任务，必须经过艰苦的努力，才能将突发事件控制住。

3. 扩大性

突发事件一旦发生，必须在其突发初期进行及时处置，稍有延误，突发事件就会迅速发展扩大，甚至造成次生灾害。同时应急技术采用不当、装备不到位、处置不及时，也都可能造成突发事件的恶化和扩大。因此，应急救援不仅要行动迅速，而且要技术科学、处置准确。

4. 危险性

应急救援面对的是急需控制的突发事件，如果不能得到有效

控制，就可能造成人员伤亡。同时，救援人员个体防护不当，也会造成人员的伤亡，而且即便防护到位，也可能因为突发事件新的情况，而受到致命伤害。因此，应急救援具有极大的危险性，这就要求对各种可能的情况进行充分的考虑，对各种应急处置，必须在科学的基础上，细之又细、慎之又慎！

三、应急救援的任务

1. 迅速抢救人员

救人是应急救援的首要任务。抢救人员，包括以下几个层次。

（1）伤亡人员。突发事件发生之后，对发现的伤亡人员，应立即进行抢救，该急救的急救、该转移的转移、该入院救治的入院救治。

（2）受困人员。突发事件发生之后，首先对现场的受困人员进行急救。即便受困人员伤害程度多么严重，也不应放弃救人的努力，必须坚持“依然活着”的原则，千方百计、采取一切可能的安全方法，在避免造成新的人员伤亡的前提下，积极进行救援，以最大限度地减少人员的伤亡。

（3）周围公众。许多突发事件，可能会对周围居民、路过人员、围观人员等造成直接或间接的生命威胁。因此，必须高度重视突发事件对周围公众的威胁，该警告的警告、该疏散的疏散，避免造成新的人员伤亡。

2. 迅速控制危险源

在救人的同时，应迅速采取措施控制危险源，只有控制住危险源，突发事件才会从根本上得到控制。控制危险源在某些时候比抢救现场的人员更重要。

3. 保护自然生态

危险物品泄漏、燃烧、爆炸，会对大气、水质造成污染，抢救过程中，使用大量消防水及化学灭火剂，也可能对水质、土壤、大气等生态环境造成污染。这些污染，轻者会对局部地区居民造成严重的健康危害，重者会引发生态灾难，产生广泛而恶劣的社会影响。因此，保护自然生态是应急救援的又一要务。

4. 消除危害、恢复常态

应急救援必须当突发事件现场得以控制、环境符合有关标准、导致次生灾害的隐患消除后，即突发事件危害消除后，才能宣布现场应急结束。因此，消除危害是应急救援的目标，也是应急救援的任务。

在现场危害消除后，还须进行应急恢复，使生产、生活、工作恢复到正常程序，至此，一次完整的应急救援行动正式结束。

5. 评估危害、改进预案

应急救援结束后，要对突发事件危害情况进行评估，总结经验教训，对应急预案要进行评估改进，为今后的应急救援工作提供更为科学的应急预案，以提高应急救援水平。

第三节　突发事件

一、突发事件的定义

《突发事件应对法》提出，“突发事件，是指突然发生，造成或者可能造成严重社会危害，需要采取应急处置措施予以应对的自然灾害、事故灾难、公共卫生事件和社会安全事件。”

其要点是：第一，必须是突然发生的；第二，必须是紧急事件；第三，必须是造成或者可能造成严重危害或损失的。

二、突发事件的分类

根据突发事件的发生过程、性质和机理，突发事件主要分为以下四类：

（1）自然灾害。主要包括水旱灾害、气象灾害、地震灾害、地质灾害、海洋灾害、生物灾害和森林草原火灾等。

（2）事故灾难。主要包括工矿商贸等企业的各类安全事故、交通运输事故、公共设施和设备事故、环境污染和生态破坏事件等。

（3）公共卫生事件。主要包括传染病疫情，群体性不明原因疾病，食品安全和职业危害，动物疫情，以及其他严重影响公众健康和生命安全的事件。

（4）社会安全事件。主要包括恐怖袭击事件、经济安全事件和涉外突发事件等。

突发事件分类的目的是为了加强管理，使每一类每一种突发事件都有不同的部门去管。

三、突发事件的分级

我国将突发事件分四级：特别重大、重大、较大、一般。各类突发事件的分级标准由国务院或者国务院确定的部门制定。

突发事件分级的目的是为了落实责任，分级处置，节省资源。

四、突发事件的特点

1. 社会性和公共性

突发事件的发生，会对社会公众造成巨大冲击、严重损失及不良影响。随着新闻媒介的发展和信息传播的快速及广泛，突发事件往往立即成为社会和舆论关注的焦点，甚至成为国际社会和公众谈论的热点话题。因此，社会或企业必须快速反应、正确决策、处置得当，使突发事件可控、能控、在控，确保社会稳定、民心安定、企业安宁、减灾有效。

2. 突发性和紧迫性

突发事件发生，往往突如其来，出乎人们意料。有些突发事件往往在瞬间爆发，出其不意，使人们措手不及，严重危及人民生命财产安全。突发事件处置，拖不得，推不得，迟不得。

3. 潜在性和隐秘性

突发事件具有潜在性和隐秘性特征，爆发的征兆不甚明显，即使有一些蛛丝马迹，也没有引起人们的警觉，使社会或企业不能有效预知，或虽然预知，也因应急预案的不完善或准备不足而不能有效应对。如，美国“9·11”恐怖袭击事件、上海11·15特大火灾和温州“7·23”特大铁路交通事故，其隐秘性大大出乎社会和公众的意料。

4. 危害性和破坏性

突发事件发生，对生命财产、社会秩序、公共安全构成严重危害和破坏，可能造成巨大的生命、财产损失或社会秩序的严重动荡。

5. 关联性和蔓延性

一个突发事件可能会引起其他事件。开始可能是一个不大的事情，后来却变成大事件。如果对突发事件初期处置不力、控制不当，又会辐射、传导，引发其他危机，造成多米诺骨牌效应。如，2008年2月的雨雪冰冻天气，就险些引发广州火车站骚乱事件发生。

6. 不确定性和复杂性

突发事件的突出表现是爆发时间、状态、影响和后果的不确定性。一切都在瞬息万变，人们无法用常规进行判断，也无相同的事件可供借鉴，突发事件的产生、发展及其影响往往背离人们的主观愿望，其后果和影响难以在短期内消除。典型的例子是：

1986年4月发生的苏联切尔诺贝利核电站泄漏事故，至今仍存在不确定性严重后果及不良影响。

突发事件的复杂性是由其产生原因的复杂性以及事件的危害性、急迫性和辐射性所决定的，务必引起我们的高度警觉，采取针对性措施加以消除。

五、突发事件的预警

1. 预警级别

依据突发事件发生的紧急程度、发展态势和可能造成的危害程度分为一级、二级、三级和四级，分别用红色、橙色、黄色和蓝色标示，一级为最高级别。

2. 预警内容

预警内容包括突发事件的类别、预警级别、起始时间、可能影响范围、警示事项应采取的措施和发布机关等。

3. 预警方式

预警信息的发布、调整和解除，可通过广播、电视、报刊、通信、信息网络、警报器、宣传车或组织人员逐户通知等方式进行，对老、幼、病、残、孕等特殊人群以及学校等特殊场所和警报盲区采取有针对性的公告方式。

第四节 风险、隐患与危机

一、风险

风险指在某一特定环境下，在某一特定时间段内，某种损失发生的可能性。换句话说，在某一特定时间段里，人们所期望达到的目标与实际出现的结果之间产生的差异称之为风险。风险也是某一特定危险情况发生的可能性和后果的组合。

风险的特点，就是无处不在、无时不在、无人能免。了解这个特点，我们就要树立风险意识。

风险是导致危机（突发事件）爆发的导火索，对风险防范不力，控制不当，其后果往往会爆发危机（突发事件），危机（突发事件）会导致严重经济损失或人员伤亡，引发社会的不安定，社会秩序的混乱和民众心理的恐慌，影响政府的公信力和企业的形象。

二、隐患

隐患是已经存在但还没有发生的不安全因素，是导致危机（突发事件）发生的诱因。风险可能发生，可能不发生。隐患不排除就一定发生。

隐患的特点：一是小，因为小，人们容易忽视；二是隐蔽，因为隐蔽，人们不易发现。所以，对隐患的排除要及时、坚决、彻底。

三、危机

危机就是风险事故，又称为紧急情况、突发事件或重大灾难等。我们可以把危机定义为：社会或企业遭遇到重大的天灾人祸，这些突发事件对社会和企业产生了严重威胁和损害，由于紧急事件的突发超出了社会和企业常态的管理能力，故要求决策人采取的应对措施，必须果断正确、指挥有力。

没有爆发的危机称为风险，失去控制的风险就是危机。

四、灾害、灾难、灾祸

灾害是自然界造成的，灾难是人的行为造成的，灾祸是社会领域的事件。它们都是指突发事件造成的损失达到相当程度、规模的概念，一般情况下常常是通用的。

第三章 应急管理

近年来，全国各地各类突发事件频发，国家对应急工作更加重视，党的十八大提出了“健全突发事件应急管理机制，维护社会公共安全，促进社会和谐稳定”的要求；习近平总书记和李克强总理站在全局和战略高度，对应急管理和应急救援工作做了一系列重要指示批示，特别提出了“应急处置能力是国家治理能力重要组成部分”的科学论断，为加强应急管理和应急救援工作注入了强大精神动力、提供了科学理论指导。加强应急管理和应急救援工作，是电网企业自身发展的需要，是经济社会建设对电网企业提出的必然要求，也是电网企业履行社会责任，追求经济、社会和环境综合价值最大化的具体体现。

第一节 应急工作管理

为了提高电网企业防范和应对突发事件的能力，预防和减少突发事件的发生，控制、减轻和消除突发事件引起的严重社会危害，维护国家安全、社会稳定和人民生命财产安全，电网企业必须加强应急工作管理。

一、电网企业应急工作原则

1. 以人为本，减少危害

在做好电网企业自身突发事件应对处置的同时，切实履行社会责任，把保障人民群众和电网企业员工的生命财产安全作为首要任务，最大程度减少突发事件及其造成的人员伤亡和各类危害。

2. 居安思危，预防为主

坚持“安全第一、预防为主、综合治理”的方针，树立常备不懈的观念，增强忧患意识，防患于未然，预防与应急相结合，做好应对突发事件的各项准备工作。

3. 统一领导，分级负责

落实党中央、国务院的部署，坚持政府主导、统一领导，按照综合协调、分类管理、分级负责、属地管理为主的要求，开展突发事件预防和处置工作。

4. 把握全局，突出重点

牢记电网企业宗旨，服务社会稳定大局，采取必要手段保证电网安全，通过灵活方式重点保障关系国计民生的重要客户、高危客户及人民群众基本生活用电。

5. 快速反应，协同应对

充分发挥电网企业集团化优势，建立健全“上下联动、区域协作”快速响应机制，加强与政府的沟通协作，整合内外部应急资源，协同开展突发事件处置工作。

6. 依靠科技，提高能力

加强突发事件预防、处置科学技术研究和开发，采用先进的监测预警和应急处置装备，充分发挥电网企业专家队伍和专业人员的作用，加强宣传和培训，提高员工自救、互救和应对突发事件的综合能力。

二、电网企业应急工作内容

电网企业应急工作主要包括：突发事件的应急预防与准备、应急监测与预警、应急处置与救援、事后恢复与重建等。

1. 应急预防与准备

电网企业在应急预防与应急准备阶段应当做好以下工作：

（1）在电网规划、设计、建设和运行等过程中，充分考虑自然灾害等各类突发事件影响，持续改善布局结构，使之满足防灾抗灾要求，符合国家预防和处置自然灾害等突发事件的需要。

（2）建立健全突发事件风险评估、隐患排查治理常态机制，掌握各类风险隐患情况，落实防范和处置措施，减少突发事件发生，减轻或消除突发事件影响。

（3）分层分级建立相关省级电力公司、市级供电公司、县级供电企业间应急救援协调联动和资源共享机制；研究建立与相关企业、社会团体间的协作支援机制，协同开展突发事件处置工作。

（4）与当地气象、水利、地震、地质、交通、消防、公安等政府专业部门建立信息沟通机制，共享信息，提高预警和处置的科学性，并与地方政府、社会机构、电力用户建立应急沟通与协调机制。

（5）定期开展应急能力评估活动，应急能力评估宜由本单位以外专业评估机构或专业人员按照既定评估标准，运用核实、考问、推演、分析等方法，客观、科学的评估应急能力的状况、存在的问题，指导本单位有针对性开展应急体系建设。

（6）加强应急指挥员队伍、应急救援基干分队、应急抢修队伍、应急专家队伍的建设与管理，配备先进和充足的装备，加强培训演练，提高应急能力。

（7）加大应急培训和科普宣教力度，针对所属应急指挥员队伍、应急救援基干分队、应急抢修队伍、应急专家队伍，定期开展不同层面的应急理论和技能培训，结合实际经常向全体员工宣传应急知识，提高员工应急意识和预防、避险、自救、互救能力。

（8）按应急预案要求定期组织开展应急演练，每两年至少组织一次大型综合应急演练，演练可采用桌面（沙盘）推演、验证性演练、实战演练等多种形式。相关单位应组织专家对演练进行评估，分析存在问题，提出改进意见。涉及政府部门、系统以外企事业单位的演练，其评估应有外部人员参加。

（9）加强应急指挥中心运行管理，定期进行设备检查调试，组织开展相关演练，保证应急指挥中心随时可以启用。

（10）开展重大舆情预警研判工作，完善舆情监测与危机处置联动机制，加强信息披露、新闻报道的组织协调，深化与主流媒体合作，营造良好舆论环境。

（11）加强应急工作计划管理，按时编制、上报年度应急工作计划；下达的年度应急工作计划相关内容及本单位年度工作计划均应纳入本单位年度综合计划，认真实施，严格考核。

（12）加强应急专业数据统计分析和总结评估工作，及时、全面、准确地统计各类突发事件，编写并及时向上级应急管理归口部门报送年度（半年）应急管理和突发事件应急处置总结评估报告、季度（年度）报表。

（13）严格执行有关规定，落实责任，完善流程，严格考核，确保突发事件信息报告及时、准确、规范。

2. 应急监测与预警

电网企业在应急监测与应急预警阶段应当做好以下工作：

（1）及时汇总分析突发事件风险，对发生突发事件的可能性及其可能造成的影响进行分析、评估，并不断完善突发事件监测

网络功能，依托各级行政、生产、调度值班和应急管理组织机构，及时获取和快速报送相关信息。

（2）不断完善应急值班制度，按照部门职责分工，成立重要活动、重要会议、重大稳定事件、重大安全事件处理、重要信息报告、重大新闻宣传、办公场所服务保障和网络与信息安全处理等应急值班小组，负责重要节假日或重要时期24小时值班，确保通信联络畅通，收集整理、分析研判、报送反馈和及时处置重大事项相关信息。

（3）突发事件发生后，事发单位及时向上一级单位行政值班机构和专业部门报告，情况紧急时可越级上报。根据突发事件影响程度，依据相关要求报告当地政府有关部门。信息报告时限执行政府主管部门及公司相关规定。

突发事件信息报告包括即时报告、后续报告，报告方式有电子邮件、传真、电话、短信等（短信方式需收到对方回复确认）。

事发单位、应急救援单位和各相关单位均应明确专人负责应急处置现场的信息报告工作。必要时，上一级单位可直接与现场信息报告人员联系，随时掌握现场情况。

（4）建立健全突发事件预警制度，依据突发事件的紧急程度、发展态势和可能造成的危害，及时发布预警信息。预警分为一、二、三、四级，分别用红色、橙色、黄色和蓝色标示，一级为最高级别。各类突发事件预警级别的划分，由相关职能部门在专项应急预案中确定。

（5）通过预测分析，若发生突发事件概率较高，有关职能部门应当及时报告应急办，并提出预警建议，经应急领导小组批准后由应急办通过传真、办公自动化系统或应急信息和指挥系统发布。

（6）接到预警信息后，相关单位应当按照应急预案要求，采取有效措施做好防御工作，监测事件发展态势，避免、减轻或消除突发事件可能造成的损害。必要时启动应急指挥中心。

（7）根据事态的发展，相关单位应适时调整预警级别并重新发布。有事实证明突发事件不可能发生，或者危险已经解除，应立即发布预警解除信息，终止已采取的有关措施。

3. 应急处置与救援

电网企业在应急处置与应急救援阶段应当做好以下工作：

（1）发生突发事件，事发单位首先要做好先期处置，营救受伤被困人员，恢复电网运行稳定，采取必要措施防止危害扩大，并根据相关规定，及时向上级和所在地人民政府及有关部门报告。对因本单位问题引发的，或主体是本单位人员的社会安全事件，要迅速派出负责人赶赴现场开展劝解、疏导工作。

（2）根据突发事件性质、级别，按照“分级响应”要求，启动相应级别应急响应措施，组织开展突发事件应急处置与救援。

（3）发生重大及以上突发事件，电网企业最高层应急领导小组直接领导，或研究成立临时机构领导处置工作，事发单位负责事件处置；较大及以下突发事件，由事发单位负责处置，电网企业最高层事件处置牵头负责部门跟踪事态发展，做好相关协调工作。

（4）事发单位不能消除或有效控制突发事件引起的严重危害，应在采取处置措施的同时，启动应急救援协调联动机制，及时报告上级单位协调支援，根据需要，请求国家和地方政府启动社会应急机制，组织开展应急救援与处置工作。

（5）电网企业应切实履行社会责任，服从政府统一指挥，积极参加国家各类突发事件应急救援，提供抢险和应急救援所需电力支持，优先为政府抢险救援及指挥、灾民安置、医疗救助等重要场所提供电力保障。

（6）事发单位应积极开展突发事件舆情分析和引导工作，按照有关要求，及时披露突发事件事态发展、应急处置和救援工作的信息，维护电网企业品牌形象。

（7）根据事态发展变化，应调整突发事件响应级别。突发事件得到有效控制，危害消除后，应解除应急指令，宣布结束应急状态。

4. 事后恢复与重建

电网企业在事后恢复与重建阶段应当做好以下工作：

（1）突发事件应急处置工作结束后，各单位要积极组织受损设施、场所和生产经营秩序的恢复重建工作。对于重点部位和特殊区域，要认真分析研究，提出解决建议和意见，按有关规定报批实施。

（2）要对突发事件的起因、性质、影响、经验教训和恢复重建等问题进行调查评估，同时，要及时收集各类数据，开展事件处置过程的分析和评估，提出防范和改进措施。

（3）电网恢复重建要与电网防灾减灾、技术改造相结合，坚持统一领导、科学规划，按照电网建设相关规定组织实施，持续提升防灾抗灾能力。

（4）事后恢复与重建工作结束后，事发单位应当及时做好设备、资金的划拨和结算工作。

三、电网企业应急工作监督检查和考核

为使应急工作管理日常化、常态化，电网企业应急工作监督检查和考核应当做好以下工作：

（1）建立健全应急管理监督检查和考核机制，上级单位应当对下级单位应急工作开展情况进行监督检查和考核。

（2）组织开展日常检查、专题检查和综合检查等活动，监督

指导应急体系建设和运行、日常应急管理工作开展，以及突发事件处置等情况，并形成检查记录。

（3）将应急工作纳入企业综合考核评价范围，建立应急管理考核评价指标体系，健全责任追究制度。

（4）建立应急工作奖惩制度，对应急工作表现突出的单位和个人予以表彰奖励；对履行职责不当引起事态扩大、造成严重后果的单位和个人，依据有关规定追究责任。

第二节　应急体系建设

一、总体目标和核心内容

电网企业应急体系建设总体目标：积极努力、加快构建“统一指挥、结构合理、功能实用、运转高效、反应灵敏、资源共享、保障有力”的应急体系，形成快速响应机制，提升综合应急能力。

电网企业应急体系建设核心内容：应急组织体系建设、应急制度体系建设、应急预案体系建设、应急培训演练体系建设、应急科技支撑体系建设、应急队伍处置救援能力建设、综合保障能力建设、舆情应对能力建设、恢复重建能力建设、预防预测和监控预警系统建设、应急信息与指挥系统建设等。

二、应急组织体系建设

1. 建设目标

应急组织是应急工作管理和应急救援工作的重要保障。电网企业应急组织体系的建设目标：形成领导小组决策指挥、办事机

构牵头组织、有关部门分工落实、党政工团协助配合、企业上下全员参与的应急组织体系，实现应急管理工作的常态化。

2. 组织构架

（1）应急领导体系。

电网企业建立由各级应急领导小组及其办事机构组成的、自上而下的应急领导体系。

应急领导体系包括应急领导小组和应急办事机构。

电网企业各单位相应成立应急领导小组，全面领导应急工作。应急领导小组组长由本企业行政正职担任，副组长由其他分管领导担任，成员由总经理助理、总工程师、总经济师、总会计师、部门主要负责人、相关单位主要负责人组成。领导小组成员名单及常用通信联系方式上报上级应急领导小组备案。

应急领导小组的主要职责：贯彻落实国家应急管理法律法规、方针政策及标准体系；贯彻落实上级及地方政府和有关部门应急管理规章制度；接受上级应急领导小组和地方政府应急指挥机构的领导；研究本企业重大应急决策和部署；研究建立和完善本企业应急体系；统一领导和指挥本企业应急处置实施工作。

电网企业各单位应急领导小组下设安全应急办公室和稳定应急办公室（两个应急办公室简称“应急办”）作为办事机构。

安全应急办设在本单位安全监察质量部，负责自然灾害、事故灾难类突发事件，以及社会安全类突发事件造成的公司所属设施损坏、人员伤亡事件的有关工作。

稳定应急办设在本单位办公室（或综合管理部门），负责公共卫生、社会安全类突发事件的有关工作。

（2）应急管理体系。

电网企业建立由安全监察质量部（安质部）归口管理、各职能部门分工负责的应急管理体系。

应急管理体系包括应急综合管理机构和应急专业职能部门。

应急综合管理机构，即安质部，是应急工作归口管理部门，负责日常应急工作的综合管理和监督检查、负责应急体系建设与运维、突发事件预警与应对处置的协调或组织指挥、与政府相关部门的沟通汇报等工作。

应急专业职能部门，即调度、运检、营销、信通、外联、信访、保卫等部门，是应急工作的专业职能部门，分工负责本专业范围内的应急工作。各职能部门按照“谁主管、谁负责”和“管专业必须管应急”原则，贯彻落实应急领导小组有关决定事项，负责管理范围内的应急体系建设与运维、相关突发事件预警与应对处置的组织指挥、与政府专业部门的沟通协调等工作。具体应实时监控电网安全、信访稳定和治安保卫动态，及时处置突发事件。基建、农电、物资、财务、后勤等部门应落实应急队伍和物质储备，做好应急抢险救灾、抢修恢复等应急处置及保障工作。

（3）应急指挥体系。

突发事件发生后，电网企业根据突发事件性质、级别，按照“分级响应”要求，启动相应级别应急响应措施，组织开展突发事件应急处置与救援之前，必须成立应急指挥体系。

应急指挥体系包括应急指挥部（中心）和现场应急指挥部。

应急指挥部（中心），由应急领导小组根据突发事件处置需要，决定成立的专项事件应急处置领导机构，领导、协调，组织、指导突发事件处置工作。

现场应急指挥部，在应急指挥部（中心）的领导下，在现场开展突发事件应急处置的指挥机构，组织、指挥突发事件现场应急处置工作。

三、应急制度体系建设

应急制度体系是组织应急工作过程和进行应急工作管理的规则与制度的总和，是电网企业规章制度的重要组成部分。电网企业必须认真贯彻落实国家和地方政府在应急管理方面的法律、法规、规章，制定本企业的应急工作管理规则与制度，包括应急技术标准，以及其他应急方面规章性文件。

四、应急预案体系建设

电网企业应按照“横向到边、纵向到底、上下对应、内外衔接”的要求进行应急预案体系建设。应急预案体系由总体应急预案、专项应急预案、现场处置方案构成。

1. 总体应急预案

总体应急预案是应急预案体系的总纲，是电网企业组织应对各类突发事件的总体制度安排。电网企业应急预案体系建设，必须首先制订本单位总体应急预案。

2. 专项应急预案

专项应急预案是针对具体的突发事件、危险源和应急保障制定的方案。目前电网企业应制定以下专项应急预案（不限于）：

（1）自然灾害类专项应急预案。包括：台风应急预案，防汛应急预案，雨雪冰冻灾害应急预案，地震地质灾害应急预案。

（2）事故灾难类专项应急预案。包括：人身事故应急预案，交通事故应急预案，设备事故应急预案，大型施工机械事故应急预案，生产经营区域火灾应急预案，通信系统突发事件应急预案，网络信息系统突发事件应急预案，大面积停电事件应急预案，环境污染事件应急预案，水电站大坝垮塌、水淹厂房事件应急预案。

（3）公共卫生事件类专项应急预案。主要是突发公共卫生事件应急预案。

（4）社会安全事件类专项应急预案。包括：电力服务应急预案，电力短缺应急预案，重要保电应急预案，企业突发群体性事件应急预案，社会涉电突发群体性事件应急预案，新闻突发事件处置应急预案，涉外突发事件应急预案，反恐怖处置应急预案。

3. 现场处置方案

现场处置方案是针对特定的场所、设备设施、岗位，针对典型的突发事件，制定的处置措施和主要流程。电网企业应该制定现场处置方案（不限于）：

（1）自然灾害类现场处置方案。包括：突发地震现场处置方案，突发水灾现场处置方案，作业人员遭遇雷电天气现场处置方案等。

（2）事故灾难类现场处置方案。包括：火灾事故现场处置方案（变电站），火灾事故现场处置方案（办公场所），交通事故现场处置方案，低压触电现场处置方案，高压触电现场处置方案，人员高空坠落现场处置方案，动物袭击事件现场处置方案，作业现场坍（垮）塌事件现场处置方案，溺水事件现场处置方案等。

（3）公共卫生事件类现场处置方案，主要有食物中毒现场应急处置方案等。

（4）社会安全事件类现场处置方案，主要有外来人员强行进入变电站现场处置方案、人员上访现场处置方案等。

五、应急培训演练体系建设

电网企业应急预案发布后，必须组织开展应急培训和应急演练。

1. 应急培训

应急培训应纳入企业培训规划和职工年度培训计划，编制培训大纲和具体课件。

（1）应急指挥人员培训。

应急指挥人员培训应结合岗位安全职责进行，使之熟练掌握

本单位应急预案中有关报警、接警、处警和组织、指挥应急响应的程序等内容。

（2）应急管理人员培训。

1）定期开展现场考问、反事故演习、事故预想等现场培训活动，掌握应急预案有关内容。

2）组织并参加应急管理理论培训。

3）参加相关技术业务培训。

4）组织并参加相关应急常识、救援抢修技能的业务培训，如应学会紧急救护法，熟练掌握触电急救，掌握消防器材的使用方法等。

（3）应急队伍培训。

1）每年进行专业生产技能培训，安排登山、游泳等体能训练和触电、溺水等紧急救护等专项训练。

2）掌握相关应急救援抢修设备、装备的使用。

3）掌握突发事故预防、避险、自救、互助、减灾等技能。

（4）应急知识宣传。

1）利用多种渠道和多种方式开展电力安全生产、电网安全运行和电力安全知识的科普宣传和教育，提高全体员工和公众应对停电的能力。

2）对新进员工进行三级安全教育，包括生产作业场所危险源（点）、如何避险和报警等有关内容。

3）公布有关应急预案、报警电话等。

2. 应急演练

（1）演练计划。

电网企业应制定年度演练计划。演练计划应包含内容：演练项目名称、主要内容、演练类型、参演人数、计划完成时间、演练经费概算等。

（2）演练实施。

1）每年至少组织一次电网、电厂（可选）、用户参与的大面积停电应急联合演习。

2）定期组织开展电网调度联合反事故演习，综合考虑电网薄弱环节及季节性事故特点，有针对性地演练各级电网调度、发电厂和变电站之间协同处置重大突发事件的应急机制，提高各级运行人员的事故判断和应急处置能力。

3）针对重大人员伤亡、电力设施毁损、重要变电站（发电厂）全停、重要用户停电、台风洪涝灾害等各类突发事件，定期组织应急救援救灾演习。

（3）演练评估和改进措施。

及时对应急演练开展情况进行评估，根据评估结果采取相应整改完善措施，并检查落实情况。

应急培训演练体系还包括专业应急培训基地及设施、应急培训师资队伍、应急培训大纲及教材、应急演练方式方法，以及应急培训演练机制。

六、应急科技支撑体系建设

1. 应急理论与技术研究

电网企业应积极开展应急理论与技术研究。注意收集国内外各种类型重大事故应急救援的实战案例，认真总结经验和吸取教训，撰写相关文章在国内刊物上发行。

2. 应急新技术及装备开发

电网企业应积极开展事故预测、预防、预警和应急处置技术研究，完善储备技术应用和推广。

应急科技支撑体系还包括为应急管理、突发事件处置提供技术支持和决策咨询，并承担电网企业应急理论、应急技术与装备研发任务的企业内外应急专家及科研院所应急技术力量，以及相

关应急技术支撑和科技开发机制。

七、应急队伍处置救援能力建设

1. 电网企业应急队伍组成

电网企业应急队伍由应急指挥员队伍、应急救援基干分队、应急抢修队伍和应急专家队伍组成。

应急指挥员队伍负责突发事件应急处置、指挥和协调。

应急救援基干分队负责快速响应实施突发事件应急救援。

应急抢修队伍负责承担电网设施大范围损毁修复等任务。

应急专家队伍负责为应急管理和突发事件处置提供技术支持和决策咨询。

2. 应急队伍处置救援能力建设要求

（1）应急指挥员应当熟练掌握本单位应急预案中有关报警、接警、处警和组织、指挥应急响应的程序等内容。

（2）应急救援基干队伍应当具备相应的应急救援能力和技术水平；装备应状态良好、种类齐全、数量充裕，应定期检修并更新，能满足全天候需求；每年至少参加1～2次的演练和培训；具有完善的日常管理制度；人数满足要求。

（3）应急抢修队伍应当定期组织输电应急抢修、配电应急抢修、变电应急抢修等专业的技能培训、装备保养、预案演练等活动；电网企业技能培训实训基地应配备应急队伍各种培训所需的训练和演习设施。

（4）应急专家队伍应当形成分级分类、覆盖全面的电力应急专家资源信息网络，建立相应数据库，逐步完善专家信息共享机制，完善专家参与预警、指挥、抢险救援和恢复重建等应急决策咨询工作机制，开展专家会商、研判、培训和演练等活动；发生突发事件时，相关应急专家组人员应及时到场或建立联系，并提供决策咨询。

八、综合保障能力建设

综合保障能力是指电网企业在物质、资金等方面，保障应急工作顺利开展的能力。它包括各级应急指挥中心、电网备用调度系统、应急电源系统、应急通信系统、特种应急装备、应急物资储备及配送、应急后勤保障、应急资金保障、直升机应急救援等方面内容。

九、舆情应对能力建设

舆情应对能力是指按照电网企业品牌建设规划推进和国家应急信息披露各项要求，规范信息发布工作，建立舆情分析、应对、引导常态机制，主动宣传和维护电网企业品牌形象的能力。

十、恢复重建能力建设

恢复重建能力包括事故灾害快速反应机制与能力、人员自救互救水平、事故灾害损失及恢复评估、事故灾害现场恢复、事故灾害生产经营秩序和灾后人员心理恢复等方面内容。

十一、预防预测和监控预警系统建设

预防预测和监控预警系统是指通过整合电网企业内部风险分析、隐患排查等管理手段，各种在线与离线电网、设备监测监控等技术手段，以及与政府相关专业部门建立信息沟通机制获得的自然灾害等突发事件预测预警信息，依托智能电网建设和信息技术发展成果，形成覆盖电网企业各专业的监测预警技术系统。

十二、应急信息与指挥系统建设

应急信息和指挥系统是指在较为完善的信息网络基础上，构建的先进实用的应急管理信息平台，实现应急工作管理，应急预警、值班，信息报送、统计，辅助应急指挥等功能，满足电网企业各级应急指挥中心互联互通，以及与政府相关应急指挥中心联通要求，完成指挥员与现场的高效沟通及信息快速传递，为应急管理和指挥决策提供丰富的信息支撑和有效的辅助手段。

第四章

电网企业应急预案管理

第一节 概述

一、应急预案的概念与作用

1. 应急预案的定义

应急预案是指事先针对可能发生的各类突发事件进行预测，并预先制订的应急与救援行动、降低突发事件损失的有关救援措施、计划或方案。

应急预案实际上是标准化的应急反应程序，以使应急救援行动能迅速、有序地按照计划和最有效的步骤来进行。

2. 应急预案的作用

突发事件应急预案在应急管理和应急救援过程中起着关键作用，它明确了在突发事故发生之前、发生过程中以及刚刚结束之后，谁负责做什么、何时做，以及相应的策略和资源准备等。它是针对可能发生的突发事故及其影响和后果的严重程度，为应急准备和应急响应的各个方面所预先做出的详细安排，是及时、有序和有效开展应急救援工作的行动指南。

具体来说，应急预案在应急救援中有以下重要作用：

（1）应急预案是应急救援行动的指南性文件，是应急救援成功的根本保障。

（2）应急预案明确了应急救援的范围和体系，使应急准备和应急救援不再是无据可依、无章可循。

（3）应急预案有利于做出及时的应急响应，降低突发事件产生的不良后果。

（4）当发生超过应急能力的重大事故时，便于与上级应急部门的协调。

（5）应急预案有利于提高风险防范意识，预防突发事件的发生。

（6）应急预案有利于应急培训和应急演练工作的开展。依赖于应急预案，应急培训可以让应急响应人员熟悉自己的任务，具备完成指定任务所需要的相应技能；应急演练可以检验应急预案和行动程序，并评估应急人员技能和整体协调性。

二、应急预案的分类

（1）按突发事件性质划分：自然灾害、事故灾难、公共卫生事件、社会安全事件。

（2）按应急预案的功能与目标划分：总体应急预案、专项应急预案、现场处置方案。

（3）按应急预案的行政区域划分：国家级预案、省级预案、地市级预案、县区级预案、基层组织预案、企业预案。

（4）按应急预案的性质划分：指导性应急预案、操作性应急预案。

（5）按责任主体划分：政府预案、企业预案。

三、应急预案的体系

电网企业应急预案体系由总体应急预案、专项应急预案和现场处置方案构成。

电网企业应根据本企业组织管理体系、生产经营规模、危险源和可能发生的突发事件类型，按照“实际、实用、实效”的原则，建立“横向到边、纵向到底、上下对应、内外衔接”的应急预案体系。

1. 总体应急预案

总体应急预案是突发事件组织管理、指挥协调、应急处置工作的指导原则和程序规范，是应对各类突发事件的综合性文件。其内容包括本单位的应急组织机构及职责、预案体系及响应程序、突发事件预防及应急保障、预案管理等。

风险种类多、可能发生多种突发事件类型的电网企业，应当组织编制本单位总体应急预案。

2. 专项应急预案

专项应急预案是针对具体的突发事件、危险源和应急保障制订的计划或方案，包括危险性分析、应急组织机构与职责、应急处置程序和措施等内容。

风险种类少的电网企业可根据本单位应急工作实际需要将总体应急预案与专项应急预案合并编制。

3. 现场处置方案

现场处置方案是针对特定的场所、设备设施、岗位，在详细分析现场风险和危险源的基础上，针对典型的突发事件，制订的处置措施和主要流程。它是根据不同事故类别，针对具体的场所、装置或设施所制定的应急处置措施，应当包括危险性分析、可能发生的事故特征、应急处置程序、应急处置要点和注意事项等内容。因此，现场处置方案必须根据风险评估、岗位操作规程以及危险性控制措施，组织现场作业人员进行编制，做到现场作业人员应知应会，熟练掌握，并经常进行演练。

四、应急预案的编制程序

1. 成立预案编制工作小组

结合本单位部门分工和职能，成立以单位主要负责人（或分管应急工作的领导）为组长，相关部门人员参加的应急预案编制工作组，明确编制任务、职责分工，制订工作计划，组织开展预案编制工作。

2. 资料收集

收集包括相关法律法规、技术标准、应急预案、国内外同行业企业事故资料、本单位安全生产相关技术资料、企业周边环境影响、应急资源等有关资料。

3. 风险评估

风险评估主要内容包括：

（1）分析本单位存在的危险因素，确定事故危险源。

（2）分析可能发生的事故类型及事故的危害程度和影响范围。

（3）针对事故危险源和可能发生的事故，制订相应的防范措施。

4. 应急能力评估

从应急组织、应急救援队伍和应急物资与装备等方面，对本单位的应急能力进行客观评估。

5. 编制应急预案

依据风险评估结果，针对可能发生的事故，组织编制应急预案。应急预案编制应注重预案的系统性和可操作性，做到与上级主管部门、地方政府及相关部门预案相衔接。

6. 应急预案评审

应急预案编制完成后，应进行评审或论证。评审分为内部评审和外部评审，内部评审或论证由本单位主要负责人组织有关部门和人员进行。外部评审由本单位组织有关专家或技术人员进行，上级主管部门或地方政府负责安全生产管理的部门派员参

加。生产规模小、危险因素少的生产经营单位可以通过演练对应急预案进行论证。应急预案评审或论证合格后，按照有关规定进行备案，由生产经营单位主要负责人签发实施。

五、应急预案管理的内容和原则

1. 应急预案管理的内容

应急预案管理的内容包括：对应急预案的编制、评审、发布、备案、宣传、教育、培训、演练、评估、实施、修订、奖励和处罚及监督管理工作等方面。

2. 应急预案管理的原则

应急预案管理工作应当遵循统一标准、分类管理、分级负责、条块结合、属地为主、综合协调、动态管理的原则。对涉及企业秘密的应急预案，应当严格按照保密规定进行管理。

第二节 危险源与风险分析

危险因素，是指能对人员造成伤亡或对物造成突发性损坏的因素；有（危）害因素，是指影响人的身体健康甚至导致疾病，或对物造成慢性损坏的因素。

危险、危害因素，一般统称危险有害因素。因此，危险有害因素，即能对人员造成伤亡会影响人的身体健康甚至导致疾病，对物造成突发性损坏或慢性损坏的因素。

危险有害因素的辨识是企业编制应急救援预案的基础。危险有害因素辨识是确认有害因素的存在并确定其特性的过程，即找出可能引发事故导致不良后果的材料、系统、生产过程，评估其引发的事故后果。因此，危险有害因素辨识有两个关键任务：辨识可能存在的危险有害因素，评估可能发生的事故后果。

一、危险、危害因素的类别

GB/T 13816—2009《生产过程危险和有害因素分类与代码》中规定了生产过程中的危险、危害因素，见表4-1。

表4-1　生产过程危险和有害因素分类与代码

代码	名称	说明
1	**人的因素**	
11	**心理、生理性危险和有害因素**	
1101	负荷超限	
110101	体力负荷超限	指易引起疲劳、劳损、伤害等的负荷超限
110102	听力负荷超限	
110103	视力负荷超限	
110199	其他负荷超限	
1102	健康状况异常	指伤、病期
1103	从事禁忌作业	
1104	心理异常	
110401	情绪异常	
110402	冒险心理	
110403	过度紧张	
110499	其他心理异常	
1105	辨识功能缺陷	
110501	感知延迟	
110512	辨识错误	
110599	其他辨识功能缺陷	
1199	其他心理、生理性危险和有害因素	
12	**行为性危险和有害因素**	
1201	指挥错误	

续表

代码	名称	说明
120101	指挥失误	包括生产过程中的各级管理人员的指挥
120102	违章指挥	
120199	其他指挥错误	
1202	操作错误	
120201	误操作	
120202	违章作业	
120299	其他操作错误	
1203	监护失误	
1299	其他行为性危险和有害因素	包括脱岗等违反劳动纪律行为
2	**物的因素**	
21	**物理性危险和有害因素**	
2101	设备，设施，工具，附件缺陷	
210101	强度不够	
210102	刚度不够	
210103	稳定性差	抗倾覆、抗位移能力不够，包括重心过高、底座不稳定、支承不正确
210104	密封不良	指密封件、密封介质、设备辅件、加工精度、装配工艺等缺陷以及磨损、变形、气蚀等造成的密封不良
210105	耐腐蚀性差	
210106	应力集中	
210107	外形缺陷	指设备、设施表面的尖角利棱和不应有的凹凸部分等
210108	外露运动件	指人员易触及的运动件
210109	操纵器缺陷	指结构、尺寸、形状、位置、操纵力不合理及操纵器失灵、损坏等
210110	制动器缺陷	
210111	控制器缺陷	

续表

代码	名称	说明
210199	设备、设施、工具、附件其他缺陷	
2102	防护缺陷	
210201	无防护	
210202	防护装置、设施缺陷	指防护装置、设施本身安全性、可靠性差，包括防护装置、设施、防护用品损坏、失效、失灵等
210203	防护不当	指防护装置、设施和防护用品不符合要求、使用不当。不包括防护距离不够
210204	支撑不当	包括矿井、建筑施工支撑防护不符合要求
210205	防护距离不够	指设备布置、机械、电气、防火、防爆等安全距离不够和卫生防护距离不够等
210299	其他防护缺陷	
2103	电伤害	
210301	带电部位裸露	指人员易触及的裸露带电部位
210302	漏电	
210303	静电和杂散电流	
210304	电火花	
210399	其他电伤害	
2104	噪声	
210401	机械性噪声	
210402	电磁性噪声	
210403	流体动力性噪声	
210499	其他噪声	
2105	振动危害	
210501	机械性振动	

续表

代码	名称	说明
210502	电磁性振动	
210503	流体动力性振动	
210599	其他振动危害	
2106	电离辐射	包括X射线、γ射线、α粒子、β粒子、中子、质子、高能电子束等
2107	车电离辐射	
210701	紫外辐射	
210702	激光辐射	
210703	微波辐射	
210704	超高频辐射	
210705	高频电磁场	
210706	工频电场	
2108	运动物伤害	
210801	抛射物	
210802	飞溅物	
210803	坠落物	
210804	反弹物	
210805	土、岩滑动	
210806	料堆（垛）滑动	
210807	气流卷动	
210899	其他运动物伤害	
2109	明火	
2110	高温物质	
211001	高温气体	
211002	高温液体	
211003	高温固体	
211099	其他高温物质	
2111	低温物质	
211101	低温气体	

续表

代码	名称	说明
211102	低温液体	
211103	低温固体	
211199	其他低温物质	
2112	信号缺陷	指应设信号设施处无信号，如无紧急撤离信号等
211201	无信号设施	
211202	信号选用不当	
211203	信号位置不当	
211204	信号不清	指信号量不足，如响度、亮度、对比度、信号维持时间不够等
211205	信号显示不准	包括信号显示错误、显示滞后或超前等
211299	其他信号缺陷	
2113	标志缺陷	
211301	无标志	
211302	标志不清晰	
211303	标志不规范	
211304	标志选用不当	
211305	标志位置缺陷	
211399	其他标志缺陷	
2114	有害光照	包括直射光、反射光、眩光、频闪效应等
2199	其他物理性危险和有害因素	
22	**化学性危险和有害因素**	依据 GB 13690中的规定
2201	爆炸品	
2202	压缩气体和液化气体	
2203	易燃液体	
2204	易燃固体　自燃物品和遇湿易燃物品	

续表

代码	名称	说明
2205	氧化剂和有机过氧化物	
2206	有毒品	
2207	放射性物品	
2208	腐蚀品	
2209	粉尘与气溶胶	
2299	其他化学性危险和有害因素	
23	**生物性危险和有害因素**	
2301	致病微生物	
230101	细菌	
230102	病毒	
230103	真菌	
230199	其他致病微生物	
2302	传染病媒介物	
2303	致害动物	
2304	致害植物	
2399	其他生物性危险和有害因素	
3	**环境因素**	包括室内、室外、地上、地下（如隧道、矿井）、水上、水下等作业（施工）环境
31	**室内作业场所环境不良**	
3101	室内地面滑	指室内地面、通道、楼梯被任何液体、熔融物质润湿，结冰或有其他易滑物等
3102	室内作业场所狭窄	
3103	室内作业场所杂乱	
3104	室内地面不平	
3105	室内梯架缺陷	包括楼梯、阶梯、电动梯和活动梯架，以及这些设施的扶手、扶栏和护栏、护网等

续表

代码	名称	说明
3106	地面、墙和天花板上的开口缺陷	包括电梯井，修车坑、门窗开口、检修孔、孔洞、排水沟等
3107	房屋基础下沉	
3108	室内安全通道缺陷	包括无安全通道、安全通道狭窄、不畅等
3109	房屋安全出口缺陷	包括无安全出口、设置不合理等
3110	采光照明不良	指照度不足或过强，烟尘弥漫影响照明等
3111	作业场所空气不良	指自然通风差、无强制通风、风量不足或气流过大，缺氧、有害气体超限等
3112	室内温度，湿度、气压不适	
3113	室内给、排水不良	
3114	室内涌水	
3199	其他室内作业场所环境不良	
32	**室外作业场所环境不良**	
3201	恶劣气候与环境	包括风、极端的温度、雷电、大雾、冰雹、暴雨雪、洪水、浪涌、泥石流、地震、海啸等
3202	作业场地和变通设施湿滑	包括铺设好的地面区域、阶梯、通道、道路、小路等被任何液体、熔融物质润湿，冰雪覆盖或有其他易滑物等
3203	作业场地狭窄	
3204	作业场地杂乱	
3205	作业场地不平	包括不平坦的地面和路面，有铺设的、未铺设的、草地、小鹅卵石或碎石地面和路面
3206	航道狭窄，有暗礁或险滩	

续表

代码	名称	说明
3207	脚手架、阶梯和活动梯架缺陷	包括连些设施的扶手、扶栏和护栏、护网等
3208	地面开口缺陷	包括升降梯井、修车坑、水构、水渠等
3209	建筑物和其他结构缺陷	包括建筑中或拆除中的墙壁、桥梁、建筑物；筒仓、固定式粮仓、固定的槽罐和容器；屋顶、塔楼等
3210	门和围栏缺陷	包括大门、栅栏、畜栏和铁丝网等
3211	作业场地基础下沉	
3212	作业场地安全通道缺陷	包括无安全通道，安全通道狭窄、不畅等
3213	作业场地安全出口缺陷	包括无安全出口、设置不合理等
3214	作业场地光照不良	指光照不足或过强、烟尘弥漫影响光照等
3215	作业场地空气不良	指自然通风差或气流过大、作业场地缺氧、有害气体超限等
3216	作业场地温度、湿度、气压不适	
3217	作业场地涌水	
3299	其他室外作业场地环境不良	
33	**地下（含水下）作业环境不良**	不包括以上室内室外作业环境已列出的有害因素
3301	隧道 / 矿井顶面缺陷	
3302	隧道 / 矿井正面或侧壁缺陷	
3303	隧道 / 矿井地面缺陷	
3304	地下作业面空气不良	包括通风差或气流过大、缺氧、有害气体超限等
3305	地下火	

续表

代码	名称	说明
3306	冲击地压	指井巷（采场）周围的岩体（如煤体）等物质在外载作用下产生的变形能，当力学平衡状态受到破坏时，瞬间释放，将岩体、气体、液体急剧、猛烈抛（喷）出造成严重破坏的一种井下动力现象
3307	地下水	
3308	水下作业供氧不当	
3399	其他地下作业环境不良	
39	**其他作业环境不良**	
3901	强迫体位	生产设备、设施的设计或作业位置不符合人类工效学要求而易引起作业人员疲劳、劳损或事故的一种作业姿势
3902	综合性作业环境不良	显示有两种以上作业环境致害因素且不能分清主次的情况
3999	以上未包括的其他作业环境不良	
4	**管理因素**	
41	**职业安全卫生组织机构不健全**	包括组织机构的设置和人员的配置
42	**职业安全卫生责任制未落实**	
43	**职业安全卫生管理规章制度不完善**	
4301	建设项目“三同时”制度未落实	
4302	操作规程不规范	
4303	事故应急预案及响应缺陷	
4304	培训制度不完善	

续表

代码	名称	说明
4399	其他职业安全卫生管理规章制度不健全	包括隐患管理、事故调查处理等制度不健全
44	**职业安全卫生投入不足**	
45	**职业健康管理不完善**	包括职业健康体检及其档案管理等不完善
46	**其他管理因素缺陷**	

二、危险源辨识的原则

1. 科学规范

危险源辨识，必须以科学理论为指导，以相关的标准、成功的经验作依据，以科学的方法来操作，对危险因素存在的部位、方式及导致突发事件的途径与规律进行正确描述。

2. 系统全面

危险源存在于生产活动的各个方面，因此，必须对系统进行全面剖析，不能将危险源当作相互孤立的个体来看待。要先横向展开，再纵向深入，从系统、子系统、单元到基本构成要素的相关性，把一些能相互作用产生危险的因素找出来。任何一个不起眼的危险因素，都可能产生不可估量的突发事件。因此，危险源辨识必须做到全面。要按照一定的顺序，有序辨识各个环节的危险因素。不仅要辨识正常状态下的危险因素，还要辨识异常状态下的危险因素。

3. 充分预测

对于危险源，不仅要分析其具体的表现形式，还要分析其产生的条件和可能的突发事件类型和状况。

三、危险源辨识内容

危险因素辨识出来后，就可以确定危险源，为下一步风险分析做好准备。危险因素与危险源的辨识，应该全面、有序地进行，不能放过每一道工艺过程、每一台设备、每一个场所，还要考虑到周围居民、气象、地理等因素。一般可按照下列内容辨识。

1. 厂址

主要辨识内容：

（1）作业区及周围工程地质情况、地形地貌、水文条件、气象条件、周围环境等自然灾害情况。

（2）作业过程中的人群、建筑、企业、河流等情况。

（3）交通运输线路路况等情况。

（4）消防队伍、医疗队伍、其他专业救援队伍等情况。

2. 厂区总平面布局

主要辨识内容：

（1）功能分区（生产、管理、辅助生产、生活区）布置。

（2）高温、危害物质、噪声、辐射、易燃、易爆、危险品设施布置。

（3）工艺流程布置。

（4）建筑物、构筑物布置。

（5）风向、安全距离、卫生防护等。

（6）运输线路及码头（厂区道路、厂区铁路、危险品装卸区、厂区码头）布置。

3. 建（构）筑物

主要辨识内容：建（构）筑物结构、防火、防爆、朝向、采光、运输、（操作、安全、运输、检修）通道、开门方向、生产卫生设施等。

4. 生产工艺过程

主要辨识内容：物料危险特征（毒性、腐蚀性、燃爆性物料）、温度、压力、速度、作业及控制条件、自动报警装置状态等。

5. 生产设备、装置

主要辨识内容：

（1）化工设备、装置的高温低温、腐蚀、高压、振动、关键部位的备用设备、控制、操作、检修和故障、失误时的紧急异常情况。

（2）机械设备的运动零部件和工作、操作条件、检修作业、误运转和误操作。

（3）电气设备的断电、触电、火灾爆炸、误运转和误操作、静电、雷电。

（4）危险性较大设备、高处作业设备。

（5）特殊单体设备、装置，如锅炉房、乙炔站、氧气站、石油库、危险品库等。

（6）粉尘、毒物、噪声、振动、辐射、高温、低温等危害作业部位。

（7）管理设施、事故应急抢救设施和辅助生产、生活卫生设施。

6. 安全环保健康管理

主要辨识内容：安全环保管理规章制度、突发事件管理、应急救援与应急预案管理、安全监督检查记录、隐患登记与整改记录、教育培训记录等。

7. 人员

主要辨识内容：人员组成与变动、人员安全与应急意识、人员岗位技能资质、人员违章违纪情况、安全操作技能、突发事件防范技能、应急处置技能等。

四、危险源辨识和分析方法

危险源辨识是突发事件预防、安全评价、重大危险源监督管理、建立应急预案体系以及建立职业安全卫生管理体系的基础。

常用的辨识方法大致可分为两大类。

1. 经验法

经验法适用于有可供参考先例、有以往经验可以借鉴的危险、危害因素辨识过程；不能应用在没有可供参考先例的新系统中。

（1）对照法。

对照有关标准、法规、检查表或依靠分析人员的观察分析能力，借助于经验和判断能力直观地评价对象危险性和危害性的方法。对照经验法是辨识中常用的方法，其优点是简便、易行，其缺点是受辨识人员知识、经验和占有资料的限制，可能出现遗漏。为弥补个人判断的不足，常采取专家会议的方式来相互启发、交换意见、集思广益，使危险、危害因素的辨识更加细致、具体。

对照事先编制的检查表辨识危险、危害因素，可弥补知识、经验不足的缺陷，具有方便、实用、不易遗漏的优点，但必须有事先编制的、适用的检查表。检查表是在大量实践经验基础上编制的，我国一些行业的安全检查表、事故隐患检查表也可作为参考。

（2）类比方法。

利用相同或相似系统、作业条件的经验和安全生产事故的统计资料来类推、分析评价对象的危险、危害因素。

2. 系统安全分析方法

系统安全分析方法，即应用系统安全工程评价方法的部分方法进行危险、危害因素辨识。该方法常用于复杂系统、没有事故经验的新开发系统。常用的系统安全分析方法有事件树分析（ETA）、事故树分析（FTA）、故障类型及影响分析等分析方法。

第三节 应急预案编制

电网企业应当按照《突发事件应急预案管理办法》《生产安全事故应急预案管理办法》《电力企业综合应急预案编制导则（试行）》《电力企业专项应急预案编制导则（试行）》《电力企业现场处置方案编制导则》的基本要求编制应急预案。

一、总体应急预案的编制

（一）总体应急预案的编制要求

（1）符合应急相关法律、法规、规章和技术标准的要求。

（2）与事故风险分析和应急能力相适应。

（3）职责分工明确、责任落实到位。

（4）与相关企业和政府部门的应急预案有机衔接。

（二）总体应急预案的主要内容

1. 总则

（1）编制目的。明确总体应急预案编制的目的和作用。

（2）编制依据。明确总体应急预案编制的主要依据。主要包括国家相关法律法规，国务院有关部委制定的管理规定和指导意见，行业管理标准和规章，地方政府有关部门或上级单位制定的规定、标准、规程和应急预案等。

（3）适用范围。明确总体应急预案的适用对象和适用条件。

（4）工作原则。明确本单位应急处置工作的指导原则和总体思路，内容应简明扼要、明确具体。

（5）预案体系。明确本单位的应急预案体系构成情况。一般由总体应急预案、专项应急预案和现场处置方案构成，并在附件中列出本单位应急预案体系框架图和各级各类应急预案名称目录。

2. 风险分析

（1）单位概况。明确本单位与应急处置工作相关的基本情况，一般包括单位地址、从业人数、隶属关系、生产规模、主设备型号等。

（2）危险源与风险分析。针对本单位的实际情况对存在或潜在的危险源或风险进行辨识和评价，包括对地理位置、气象及地质条件、设备状况、生产特点以及可能突发的事件种类、后果等内容进行分析、评估和归类，确定危险目标。

（3）突发事件分级。明确本单位对突发事件的分级原则和标准，分级标准应符合国家有关规定和标准要求。

3. 组织机构及职责

（1）应急组织体系。明确本单位的应急组织体系构成，包括应急指挥机构和应急日常管理机构等，以结构图的形式表示。

（2）应急组织机构的职责。明确本单位应急指挥机构、应急日常管理机构以及相关部门的应急工作职责。应急指挥机构可以根据应急工作需要设置相应的应急工作小组，并明确各小组的工作任务和职责。

4. 预防与预警

（1）危险源监控。明确本单位对危险源监控的方式方法。

（2）预警行动。明确本单位发布预警信息的条件、对象、程序和相应的预防措施。

（3）信息报告与处置。明确本单位发生突发事件后信息报告与处置工作的基本要求。包括本单位24小时应急值守电话、单位内部应急信息报告和处置程序以及向政府有关部门、电力监管机构和相关单位进行突发事件信息报告的方式、内容、时限、职能部门等。

5. 应急响应

（1）应急响应分级。根据突发事件分级标准，结合本单位控制事态和应急处置能力确定响应分级原则和标准。

（2）响应程序。针对不同级别的响应，分别明确启动条件、应急指挥、应急处置和现场救援、应急资源调配、扩大应急等应急响应程序的总体要求。

（3）应急结束。明确应急结束的条件和相关事项。应急结束的条件一般应满足以下要求：突发事件得以控制，导致次生、衍生事故隐患消除，环境符合有关标准，并经应急指挥部批准。应急结束后的相关事项应包括需要向有关单位和部门上报的突发事件情况报告以及应急工作总结报告等。

6. 信息发布

明确应急处置期间相关信息的发布原则、发布时限、发布部门和发布程序等。

7. 后期处置

明确应急结束后，突发事件后果影响消除、生产秩序恢复、污染物处理、善后理赔、应急能力评估、对应急预案的评价和改进等方面的后期处置工作要求。

8. 应急保障

明确本单位应急队伍、应急经费、应急物资装备、通信与信息等方面的应急资源和保障措施。

9. 培训和演练

（1）培训。明确对本单位人员开展应急培训的计划、方式和周期要求。如果预案涉及社区和居民，应做好宣传教育和告知等工作。

（2）演练。明确本单位应急演练的频度、范围和主要内容。

10. 奖惩

明确应急处置工作中奖励和惩罚的条件和内容。

11. 附则

明确总体应急预案所涉及的术语定义以及对预案的备案、修订、解释和实施等要求。

12. 附件

总体应急预案包含的主要附件（不限于）如下：

（1）应急预案体系框架图和应急预案目录。

（2）应急组织体系和相关人员联系方式。

（3）应急工作需要联系的政府部门、电力监管机构等相关单位的联系方式。

（4）关键的路线、标识和图纸，如电网主网架接线图、发电厂总平面布置图等。

（5）应急信息报告和应急处置流程图。

（6）与相关应急救援部门签订的应急支援协议或备忘录。

（三）总体应急预案的编制格式和要求

1. 封面

总体应急预案的封面主要包括应急预案编号、应急预案版本号、单位名称、应急预案名称、编制单位（部门）名称、颁布日期、修订日期等内容。

2. 批准页

应急预案的批准页为批准该预案发布的文件或签字。

3. 目次

应急预案应设置目次，目次中所列的内容及次序如下：

（1）批准页。

（2）一级标题的编号、标题名称。

（3）二级标题的编号、标题名称。

（4）附件，用序号表明其顺序。

4. 印刷与装订

应急预案采用固定版面印刷，活页装订。

二、专项应急预案的编制

专项应急预案是针对具体的事故（事件）类别（如雨雪冰冻灾害、人身伤亡、生产经营区域火灾、电力服务等）、危险源及其相应的应急保障而制订的计划或方案。

专项预案一般是针对某类特殊的风险种类，对于一些大型企业的二级单位等，因为已经有了总体预案，在编制上应避免重复，而重点强调的应是适应本企业风险种类的具体的内容的描述。专项应急预案可以是总体应急预案的组成部分，也可单独编制，但应按照总体应急预案的程序和要求组织制订。专项应急预案一般只针对火灾、地震、人身伤亡等的特殊风险，并应制订明确的救援程序和具体的应急救援措施。

专项应急预案编制有以下主要内容。

1. 总则

（1）编制目的。

（2）编制依据。

（3）适用范围。

2. 应急处置基本原则

从应急响应、指挥领导、处置措施、与政府的联动、资源调配等方面说明本预案所涉及的突发事件发生后，应急处置工作的指导原则和总体思路，内容应简明扼要。

3. 事件类型和危害程度分析

（1）分析突发事件风险的来源、特性等。

（2）明确突发事件可能导致紧急情况的类型、影响范围及后果。

4. 事件分级

根据突发事件危害程度和影响范围，依照国家有关规定和上级应急预案等，对突发事件进行分级。应针对不同类型的突发事件明确具体事件分级标准。

5. 应急指挥机构及职责

（1）应急指挥机构。

1）明确本预案所涉突发事件的应急指挥机构组成情况。

2）指挥机构应设置相应的应急处置工作组，明确各应急处置工作组的设置情况和人员构成情况。

3）明确应急指挥平台建设要求。

（2）应急指挥机构的职责。

1）明确应急指挥机构、各应急处置工作组和相关人员的具体职责。

2）明确本预案所涉及各有关部门的应急工作职责。

6. 预防与预警

（1）风险监测。专项应急预案针对的突发事件可以实施预警的，需要明确以下内容：

1）风险监测的责任部门和人员。

2）风险监测的方法和信息收集渠道。

3）风险监测所获得信息的报告程序。

（2）预警发布与预警行动。专项应急预案针对的突发事件可以实施预警的，需要明确以下内容：

1）根据实际情况进行预警分级。

2）明确预警的发布程序和相关要求。

3）明确预警发布后的应对程序和措施。

（3）预警结束。明确结束预警状态的条件、程序和方式。

7. 信息报告

（1）明确本单位24小时应急值班电话。

（2）明确本预案所涉突发事件发生后，本单位内部和向上级单位进行突发事件信息报告的程序、方式、内容和时限。

（3）明确本预案所涉突发事件发生后，向政府有关部门、电力监管机构进行突发事件报告的程序、方式、内容和时限。

8. 应急响应

（1）响应分级。根据突发事件分级标准，结合企业控制事态和应急处置能力明确具体响应分级标准、应急响应责任主体及联动单位和部门。

（2）响应程序。针对不同级别的响应，分别明确下列内容，并附以流程图。

1）应急响应启动条件（应分级列出）。

2）响应启动：宣布响应启动的责任者。

3）响应行动：包括召开应急会议、派出前线指挥人员、组建现场工作组及其他应急处置工作小组等。

4）各有关部门按照响应级别和职责分工开展的应急行动。

5）向上级单位、政府有关部门及电力监管机构进行应急工作信息报告的格式、内容、时限和责任部门等。

（3）应急处置。针对事件类别和可能发生的次生事件危险性和特点，明确应急处置措施。

1）先期处置：明确突发事件发生后现场人员的即时避险、救治、控制事态发展。隔离危险源等紧急处置措施。

2）应急处置：根据事件的级别和发展势态，明确应急指挥、应急行动、资源调配、与社会联动等响应程序，并附以流程图表。

3）扩大应急响应：根据事件的升级，及时提高应急响应级别、改变处置策略。

（4）应急结束。明确下述内容：

1）应急结束条件。

2）应急响应结束程序，包括宣布不同级别应急响应结束的责任人、宣布方式等。

9. 后期处置

（1）后期处置、现场恢复的原则和内容。

（2）负责保险和理赔的责任部门。

（3）事故或事件调查的原则、内容、方法和目的。

（4）对预案及本次应急工作进行总结、评价、改进等内容。

10. 应急保障

明确本单位应急资源和保障措施，其中部分内容可以附件形式列出。

（1）应急队伍。明确本预案所涉应急救援队伍、应急专家队伍和社会救援资源的建设、准备和培训要求。

（2）应急物资与装备。明确本预案应急处置所需主要物资、装备的储备地点及重要应急物资供应单位的基本情况和管理要求。

（3）通信与信息。明确与应急相关的政府部门、上级应急指挥机构、系统内外主要应急队伍等机构和单位、人员的通信渠道和手段以及极端条件下保证通信畅通的措施。

（4）经费。明确本预案所需应急专项经费的来源、管理及在应急状态下确保及时到位的保障措施等。

（5）其他。根据实际情况明确应急交通运输保障、安全保障、治安保障、医疗卫生保障、后勤保障及其他保障的具体措施。

11. 培训和演练

明确本预案培训和演练的范围、方式、内容和周期要求。

12. 附则

（1）术语和定义。对本预案所涉及的一些术语进行定义。

（2）预案备案。明确本预案的报备机构或部门。

（3）预案修订。明确对本预案进行修订的条件、周期及负责部门。

（4）制定与解释。明确负责本预案制订和解释的部门。

（5）预案实施。明确本预案实施的时间。

13. 附件

专项应急预案包含的主要附件（不限于）如下：

（1）有关应急机构或人员联系方式：

1）应急指挥机构人员和联系方式。

2）相关单位、部门、组织机构或人员名称及联系方式。

（2）应急救援队伍信息：

1）应急救援队伍名称及联系方式。

2）应急处置专家姓名及联系方式。

3）与相关的社会应急救援部门签订的应急支援协议及联系方式。

（3）应急物资储备清单：

1）本预案涉及的重要应急装备和物资的名称、型号、数量、图纸、存放地点和管理人员联系方式等。

2）重要应急物资供应单位的生产能力、设备图纸和联系方式等。

3）应急救援通信设施型号、数量、存放点等。

4）应急车辆数量及司机联系方式清单。

（4）规范化格式文本。

列出应急信息接收、处理和上报等规范化格式文本。

（5）关键的路线、标识和图纸。

1）重要防护目标一览表、分布图。

2）应急指挥位置及应急队伍行动路线、人员疏散路线、重要地点等标识。

3）相关平面布置图纸、应急力量的分布图纸等。

（6）相关应急预案名录。

列出直接与本预案相关或相衔接的应急预案名称。

（7）有关流程。

1）预警信息发布流程。

2）突发事件信息报告流程。

3）各级应急响应及处置流程。

三、现场处置方案的编制

现场处置方案是针对具体的装置、场所或设施、岗位所制定的应急处理措施，是对“总体应急预案”和“专项应急预案”的具体扩充。

现场处置方案作为电网企业整体应急预案文件之一，是基于风险分析及危险控制措施基础上并应用于应对各种危险情况时的具体做法，强调在应急活动过程中承担应急功能的组织、部门、人员的具体责任和行动。因此，现场处置方案应具体、简单、针对性强，并做到事故相关人员应知应会，熟练掌握，并通过应急演练，做到迅速反应、正确处置。

对于可能发生事故的岗位或承担各类应急功能的负责部门、人员都应该有相应的现场处置方案，为本部门或个人履行应急职责和任务提供详细指导，使应急人员在出现紧急情况时能做到有条不紊、高效地开展各项应急工作。

（一）现场处置方案编制要求

根据国家电监会《电力企业现场处置方案编制导则（试行）》规定，现场处置方案的编制应符合以下要求：

（1）电网企业应组织基层单位或部门针对特定的具体场所（如集控室、制氢站等）、设备设施（如汽轮发电机组、变压器等）、岗位（如集控运行人员、消防人员等），在详细分析现场风险和危险源的基础上，针对典型的突发事件类型（如人身事故、电网事故、设备事故、火灾事故等），制定相应的现场处置方案。

（2）现场处置方案应简明扼要、明确具体，具有很强的针对性、指导性和可操作性。

（二）现场处置方案编制原则

（1）现场处置方案是应急预案体系的重要组成部分，其核心是当突发事件发生时，现场特定岗位人员应按照预先的应急程序采取处置措施，开展自救互救工作，以控制、延缓事件的发展，为后续处置工作赢得先机和主动，确保整体应急处置工作的质量和效果。

（2）现场处置方案按照突发事件类型分为自然灾害类、事故灾难类、公共卫生事件类和社会安全事件类。统一的分类方法保证了现场处置方案与专项应急预案的有效衔接，每一个专项应急预案与一个或多个现场处置方案对应和衔接，每件突发事件同样也对应一个或多个专项应急预案。

（3）现场处置方案分为基本处置方案和特殊处置方案，基本处置方案的名称目录省级电网企业统一制定下发，各基层单位编制发布。特殊处置方案由各基层单位根据自身实际编制，并向上级单位应急管理部门备案。

（4）现场处置方案框架体系涵盖了电力生产、建设、经营、生产各环节，按照“横向到边、纵向到底”原则，针对作业现场各工作岗位、人员、作业环境及作业项目存在潜在风险，制定相应的先期现场处置措施。

（三）现场处置方案的主要内容

1. 工作场所

事件可能发生的区域、地点或装置的名称。如：××省电力

公司 ×× 供电公司 ×××× 现场（场所）。

2. 事件特征

可能发生的事件类型、事前可能出现的征兆、能造成的危险危害程度。

3. 现场人员应急职责

（1）工作（值班、当值、现场）负责人应急职责。

（2）工作班（值班、当值）人员应急职责。

（3）其他人员（如门卫）应急职责。

4. 现场应急处置

（1）现场应具备条件。

（2）现场应急处置程序及措施。

1）现场应急处置程序。根据可能发生的典型事件类别及现场情况，明确报警、各项应急措施启动、应急救护人员的引导、事件扩大时与相关应急预案衔接的程序。

2）现场应急处置措施。针对可能发生的人身、电网、设备、火灾等，从操作措施、工艺流程、现场处置、事故控制、人员救护、消防、现场恢复等方面制定明确的应急处置措施。现场处置措施应符合有关操作规程和事故处置规程规定。

3）事件报告流程。明确报警电话及上级管理部门、相关应急救援单位联络方式和联系人员。

5. 注意事项

（1）佩戴个人防护器具方面的注意事项。

（2）使用抢险救援器材方面的注意事项。

（3）采取救援对策或措施方面的注意事项。

（4）现场自救和互救的注意事项。

（5）现场应急处置能力确认和人员安全防护等事项。

（6）应急救援结束后的注意事项。

（7）其他需要特别警示的事项。

6. 附件

（1）联系方式。

有关应急部门、机构或人员的联系方式列出应急工作中需要联系的部门、机构或人员的。

（2）应急物资装备的名录或清单。

按需要列出现场处置方案涉及的物资和装备名称、型号、存放地点和联系电话等。

（3）关键的路线、标识和图纸。

按需要给出下列路线、标识和图纸：

1）现场处置方案所适用的场所、设备一览表、分布图。

2）应急救援指挥位置及救援队伍行动路线。

3）疏散路线、重要地点等标识。

4）相关平面布置图纸、救援力量的分布图纸等。

（4）相关文件。

1）按需要列出与现场处置方案相关或相衔接的应急预案名称。

2）相关操作规程或事故处置规程的名称和版本。

（5）其他附件。

第四节 应急预案评审、发布与备案

一、应急预案评审

1. 评审范围

总体应急预案、专项应急预案编制完成后，必须组织评审；涉及多个部门、单位职责、处置程序复杂、技术要求高的现场处置方案，应组织进行评审。应急预案修订后，视修订情况决定是否组织评审，若有重大修改的应重新组织评审。

2. 评审牵头部门

总体应急预案的评审由本单位应急职能管理部门负责组织；专项应急预案的评审由该预案编制责任部门负责组织；需评审的现场应急处置方案和“一事一卡一流程”由该方案的业务主管部门自行组织评审。

3. 评审形式

应急预案评审通常采取会议评审形式。

4. 评审专家组

（1）专家组构成：

1）应包括应急职能管理部门人员、安全生产及应急管理等方面的专家。

2）涉及网厂协调和社会联动的应急预案，应邀请政府有关部门、电力监管机构和相关单位人员参加评审。

3）上级单位应指导、监督下级单位的应急预案评审工作，参加下级单位总体应急预案的评审。

（2）专家组成员资质条件：

1）熟悉并掌握有关应急管理的法律、法规、规章、标准和应急预案。

2）熟悉并掌握电网企业有关应急管理规章制度、规程标准和应急预案。

3）熟悉应急管理工作。

4）责任心强，工作认真。

5. 评审依据

（1）有关方针政策、法律、法规、规章、标准、应急预案。

（2）公司有关规章制度、规程标准、应急预案。

（3）本单位有关规章制度、规程标准、应急预案。

（4）本单位有关风险分析情况、应急管理实际情况。

（5）预案涉及的其他单位相关情况。

6. 评审要点

应急预案评审应坚持实事求是的工作原则，紧密结合实际，从以下七个方面进行评审：

（1）合法性。符合有关法律、法规、规章、标准和规范性文件要求；符合电网企业规章制度的要求。

（2）完整性。具备各层次应急预案的各项要素。

（3）针对性。紧密结合本单位危险源辨识与风险分析，针对突发事件的性质、特点和可能造成的危害。

（4）实用性。切合本单位实际及电网安全生产特点，满足应急工作要求。

（5）科学性。组织体系与职责、信息报送和处置方案等内容科学合理。

（6）操作性。应急程序和保障措施具体明确，切实可行。

（7）衔接性。总体应急预案、专项应急预案和现场处置方案形成体系，并与政府有关部门、上下级单位相关应急预案衔接一致。

7. 评审方法

应急预案评审采取形式评审和要素评审两种方法。

（1）形式评审是依据有关规定和要求，对应急预案的层次结构、内容格式、语言文字、附件项目和编制程序等内容进行审查，重点审查应急预案的规范性和编制程序。形式评审主要用于应急预案备案时的评审。

（2）要素评审是依据有关规定和标准，对应急预案的合法性、完整性、针对性、实用性、科学性、操作性和衔接性等方面对应急预案进行评审。应急预案要素分为关键要素和一般要素。

关键要素是指应急预案构成要素中必须规范的内容。这些要素涉及单位日常应急管理及应急救援的关键环节，具体包括应急预案体系、适用范围、危险源辨识与风险分析、突发事件分级、组织机构及职责、信息报告与处置、应急响应程序、保障措施、培训与演练等要素。关键要素必须符合单位实际和有关规定要求。

一般要素是指应急预案构成要素中可简写或省略的内容。这些要素不涉及单位日常应急管理及应急救援的关键环节，具体包括应急预案中的编制目的、编制依据、工作原则、单位概况、预防与预警、后期处置等要素。

要素评审用于生产经营单位组织的应急预案评审工作。

8. 评审判定

评审时，将应急预案的内容与表中的评审内容及要求进行对照，判断是否符合表中要求，采用符合、基本符合、不符合三种意见进行判定。对于基本符合和不符合的项目，应给出具体修改意见或建议。

9. 评审程序

（1）评审准备。

1）应急预案编制完成、经编制责任部门初审后，应书面征求应急职能管理部门及其他相关部门和单位的意见。对于涉及政府部门或其他单位的应急预案，在评审前应采取适当方式征求有关部门、单位的意见。

2）编制责任部门根据反馈的意见，组织对应急预案进行修改，形成应急预案送审稿，并起草编制说明。

3）预案编制责任部门填写《应急预案评审申请表》，并附上应急预案送审稿及其编制说明；有关部门和单位的反馈意见等文件资料。经应急职能管理部门审核、本单位分管应急预案编制责

任部门的领导批准后，组织召开预案评审会。

4）编制责任部门审查资料齐全且符合要求后，组织召开评审会。成立评审专家组，将应急预案送审稿和编制说明在评审前送达参加评审的部门、单位和人员。

（2）组织评审。

应急预案评审会议通常由本单位分管应急预案编制责任部门负责人主持进行，参加人员包括评审专家组全体成员、应急预案评审组织部门及编制部门有关人员。会议的主要内容如下：

1）介绍应急预案评审人员构成，推选会议评审负责人。

2）评审负责人说明评审工作依据、议程安排、内容和要求、评审人员分工等事项。

3）应急预案编制部门向评审人员介绍应急预案编制（或修订）情况，就有关问题进行说明。

4）评审人员对应急预案进行讨论，提出质询。

5）应急预案评审专家组根据会议讨论情况，提出会议评审意见。

6）参加会议评审人员签字，形成应急预案评审意见。

（3）修订完善。

应急预案编制部门应按照评审意见，对应急预案存在的问题以及不合格项进行修订或完善。评审意见要求修改后重新进行评审的，应按照要求重新组织评审。

二、应急预案的发布

应急预案经评审、修改，符合要求后，由本单位主要负责人签署发布。

三、应急预案的备案

1. 备案对象

应急预案发布后，电网企业各单位应急管理归口部门负责：

向直接主管上级单位报备，向当地政府有关部门报备，向当地电力监管机构报备，向当地有关协调联动部门报备。

2. 备案内容

总体应急预案、专项应急预案的文本，现场处置方案的目录。

3. 备案形式

应急预案发布的正式文件。

4. 备案时间

应急预案发布后一个月内。

5. 备案材料

报备应急预案时，应当提交以下材料：

（1）应急预案备案申请表；

（2）应急预案评审意见；

（3）应急预案文本和目录；

（4）应急预案电子文档。

第五节　应急预案培训与演练

一、应急预案的培训

电网企业要采取不同方式开展安全生产应急知识和应急预案的宣传教育和培训工作，确保所有从业人员具备基本的应急技能，熟悉本单位应急预案，掌握本岗位防范措施和应急处置方法；使应急预案涉及的相关职能部门及人员提高安全意识和应急能力，明确应急工作程序，提高应急处置和协调能力，如若涉及场外应急（事故影响范围超出厂界的应急），则生产经营单位还应采取各种宣传教育形式，使可能受到单位安全生产事故影响的

社会公众了解到本单位可能出现的事故状况、应急预案的有关内容，熟悉相关的事故应急措施、自救、互救等应急知识。

电网企业应制订年度应急培训计划，并将其列入单位、部门年度培训计划。总体应急预案的培训每两年至少组织一次，专项应急预案的培训每年至少组织一次，现场处置方案的培训每半年至少组织一次。

1. 应急预案培训的基本任务和要求

（1）应急预案培训的基本任务。

应急预案培训的基本任务是锻炼和提高企业员工在突发事故情况下的快速抢险、紧急报警、及时营救伤员、正确指导和帮助人员撤离、有效消除危害后果、开展现场急救和伤员转送等应急救援和应急反应综合素质，有效降低事故危害、减少事故损失。

（2）应急预案培训的基本要求。

电网企业应将预案培训纳入本企业的教育培训工作中，并满足以下基本条件要求。

1）合理规划安排，各单位应结合企业整体发展规划和应急救援工作实际，明确管理机构和人员，合理安排应急预案培训与教育工作计划，突出应急预案培训工作重点，增加培训投入，保证企业安全生产应急管理培训工作落到实处。

各单位按照有关规定和企业应急预案要求，每年对从业人员进行一次专门的安全生产应急管理和应急处理程序的培训。

2）分层、分类实施。根据有关人员承当的不同应急职责、分层次、分类别确定应急预案培训内容及培训教师，以确保应急人员能够掌握开展应急工作的基本知识和技能。

3）联系实际，学以致用。紧密结合各单位安全生产应急救援工作的实际，围绕单位可能发生的安全生产事故，针对培训对象的特点和工作需要开展应急预案培训工作。重点联系实际，增强从业人员的预防技术水平和基本应急技能，提高事故应急处置能力。

4）规范管理，提高质量。发挥各级应急人员的能力，调动从业人员的积极性，规范应急预案培训管理工作，做好应急预案培训记录，提高应急预案培训质量，确保培训工作顺利完成。

5）对事故涉及区域的宣传教育。如果各单位发生重大安全事故，可能波及周边的生产经营单位或居民时，应该承担起对有关单位和居民的告知或宣传教育职责。因此，生产经营单位应将本单位可能发生的安全生产事故情况、基本的应急措施等进行告知。确保一旦发生重大事故时周边的单位人员及居民能够及时自救/互救和疏散。

2. 应急预案培训的实施

应急预案培训者应按照制订的应急预案培训计划，认真组织，精心安排，合理安排时间，充分利用不同方式开展安全生产应急预案培训工作，使参与应急预案培训的人员能够在良好的培训氛围中学习、掌握有关应急知识。在培训过程中，一定要做好培训记录，并按单位有关规定妥善保存。

3. 应急预案培训的效果评价和改进

应急预案培训实施后，应尽可能进行考核。考核方式可以是考试、口头提问、实际操作等，以便对应急预案培训效果进行评价，确保培训人员达到预期的培训目的。通过对应急预案培训人员的考核或与其交流，可以发现培训中存在的一些问题，如应急预案培训内容不合适、课时安排不恰当、培训方式需改进等；还可以了解培训人员的深层次或下一次培训的需求。针对应急预案培训中存在的问题，培训者要认真进行总结，采取措施避免这些问题在以后的应急预案培训工作中再次发生，以提高培训与教育工作质量，真正达到应急预案培训与教育目的。

二、应急预案的演练

电网企业应结合自身安全生产和应急管理工作情况组织应急预案演练，以不断检验和完善应急预案，提高应急管理水平和应急处置能力。

应急预案的演练是应急准备的一个重要环节。目前，我国应急管理中普遍存在的一个问题是缺乏必要的应急演练，如果预案只停留在文本文件上，而没有进行有针对性的实际演练，这种预案的效果很难保证，即使预案策划十分周密、细致，也只难是纸上谈兵。因此，应急演练不但是应急预案中必不可少的组成部分，也是应急管理体系中最重要的活动之一。

1. 应急演练的定义

应急演练：指针对突发事件风险和应急保障工作要求，由相关应急人员在预设条件下，按照应急预案规定的职责和程序，对应急预案的启动、预测与预警、应急响应和应急保障等内容进行应对训练。

2. 应急演练的目的

（1）检验预案。通过开展应急演练，查找应急预案中存在的问题，进而完善应急预案，提高应急预案的实用性和可操作性。

（2）完善准备。通过开展应急演练，检查应对突发事件所需应急队伍、物资、装备、技术等方面的准备情况，发现不足及时予以调整补充，做好应急准备工作。

（3）锻炼队伍。通过开展应急演练，增强演练组织单位、参与单位和人员等对应急预案的熟悉程度，提高其应急处置能力。

（4）磨合机制。通过开展应急演练，进一步明确相关单位和人员的职责任务，理顺工作关系，完善应急机制。

（5）科普宣教。通过开展应急演练，普及应急知识，提高公众风险防范意识和自救互救等灾害应对能力。

3. 应急演练的原则

（1）结合实际、合理定位。紧密结合应急管理工作实际，明确演练目的，根据资源条件确定演练方式和规模。

（2）着眼实战、讲求实效。以提高应急指挥人员的指挥协调能力、应急队伍的实战能力为着眼点。重视对演练效果及组织工作的评估、考核，总结推广好经验，及时整改存在的问题。

（3）精心组织、确保安全。围绕演练目的，精心策划演练内容，科学设计演练方案，周密组织演练活动，制订并严格遵守有关安全措施，确保演练参与人员及演练装备设施的安全。

（4）统筹规划、厉行节约。统筹规划应急演练活动，适当开展跨地区、跨部门、跨行业的综合性演练，充分利用现有资源，努力提高应急演练效益。

4. 应急演练的分类

（1）按组织形式分类。

1）桌面演练。桌面演练是指参演人员利用地图、沙盘、流程图、计算机模拟、视频会议等辅助手段，针对事先假定的演练情景，讨论和推演应急决策及现场处置的过程，从而促进相关人员掌握应急预案中所规定的职责和程序，提高指挥决策和协同配合能力。桌面演练通常在室内完成。

2）实战演练。实战演练是指参演人员利用应急处置涉及的设备和物资，针对事先设置的突发事件情景及其后续的发展情景，通过实际决策、行动和操作，完成真实应急响应的过程，从而检验和提高相关人员的临场组织指挥、队伍调动、应急处置技能和后勤保障等应急能力。实战演练通常要在特定场所完成。

（2）按内容分类。

1）单项演练。单项演练是指只涉及应急预案中特定应急响应

功能或现场处置方案中一系列应急响应功能的演练活动。注重针对一个或少数几个参与单位（岗位）的特定环节和功能进行检验。

2）综合演练。综合演练是指涉及应急预案中多项或全部应急响应功能的演练活动。注重对多个环节和功能进行检验，特别是对不同单位之间应急机制和联合应对能力的检验。

（3）按目的与作用分类。

1）检验性演练。检验性演练是指为检验应急预案的可行性、应急准备的充分性、应急机制的协调性及相关人员的应急处置能力而组织的演练。

2）示范性演练。示范性演练是指为向观摩人员展示应急能力或提供示范教学，严格按照应急预案规定开展的表演性演练。

3）研究性演练。研究性演练是指为研究和解决突发事件应急处置的重点、难点问题，试验新方案、新技术、新装备而组织的演练。

不同类型的演练相互组合，可以形成单项桌面演练、综合桌面演练、单项实战演练、综合实战演练、示范性单项演练、示范性综合演练等。

5. 应急演练规划

演练组织单位要根据实际情况，并依据相关法律法规和应急预案的规定，制订年度应急演练规划，按照“先单项后综合、先桌面后实战、循序渐进、时空有序”等原则，合理规划应急演练的频次、规模、形式、时间、地点等。

6. 应急演练组织机构

演练应在相关预案确定的应急领导机构或指挥机构领导下组织开展。演练组织单位要成立由相关单位领导组成的演练领导小组，通常下设策划部、保障部和评估组；对于不同类型和规模的演练活动，其组织机构和职能可以适当调整。根据需要，可成立现场指挥部。

（1）演练领导小组。

演练领导小组负责应急演练活动全过程的组织领导，审批决定演练的重大事项。演练领导小组组长一般由演练组织单位或其上级单位的负责人担任，副组长一般由演练组织单位或主要协办单位负责人担任，小组其他成员一般由各演练参与单位相关负责人担任。在演练实施阶段，演练领导小组组长、副组长通常分别担任演练总指挥、副总指挥。

（2）策划部。

策划部负责应急演练策划、演练方案设计、演练实施的组织协调、演练评估总结等工作。策划部设总策划、副总策划，下设文案组、协调组、控制组、宣传组等。

1）总策划。总策划是演练准备、演练实施、演练总结等阶段各项工作的主要组织者，一般由演练组织单位具有应急演练组织经验和突发事件应急处置经验的人员担任；副总策划协助总策划开展工作，一般由演练组织单位或参与单位的有关人员担任。

2）文案组。在总策划的直接领导下，负责制订演练计划、设计演练方案、编写演练总结报告以及演练文档归档与备案等；其成员应具有一定的演练组织经验和突发事件应急处置经验。

3）协调组。负责与演练涉及的相关单位以及本单位有关部门之间的沟通协调，其成员一般为演练组织单位及参与单位的行政、外事等部门人员。

4）控制组。在演练实施过程中，在总策划的直接指挥下，负责向演练人员传送各类控制消息，引导应急演练进程按计划进行。其成员最好有一定的演练经验，也可以从文案组和协调组抽调，常称为演练控制人员。

5）宣传组。负责编制演练宣传方案，整理演练信息、组织

新闻媒体和开展新闻发布等。其成员一般是演练组织单位及参与单位宣传部门的人员。

（3）保障部。

保障部负责调集演练所需物资装备，购置和制作演练模型、道具、场景，准备演练场地，维持演练现场秩序，保障运输车辆，保障人员生活和安全保卫等。其成员一般是演练组织单位及参与单位后勤、财务、办公等部门人员，常称为后勤保障人员。

（4）评估组。

评估组负责设计演练评估方案和编写演练评估报告，对演练准备、组织、实施及其安全事项等进行全过程、全方位评估，及时向演练领导小组、策划部和保障部提出意见、建议。其成员一般是应急管理专家、具有一定演练评估经验和突发事件应急处置经验专业人员，常称为演练评估人员。评估组可由上级部门组织，也可由演练组织单位自行组织。

（5）参演队伍和人员。

参演队伍包括应急预案规定的有关应急管理部门（单位）工作人员、各类专兼职应急救援队伍以及志愿者队伍等。

参演人员承担具体演练任务，针对模拟事件场景做出应急响应行动。有时也可使用模拟人员替代未现场参加演练的单位人员，或模拟事故的发生过程，如释放烟雾、模拟泄漏等。

7. 应急演练准备

（1）制订演练计划。

演练计划由文案组编制，经策划部审查后报演练领导小组批准。主要内容包括：

1）确定演练目的，明确举办应急演练的原因、演练要解决的问题和期望达到的效果等。

2）分析演练需求，在对事先设定事件的风险及应急预案进行认真分析的基础上，确定需调整的演练人员、需锻炼的技能、需检验的设备、需完善的应急处置流程和需进一步明确的职责等。

3）确定演练范围，根据演练需求、经费、资源和时间等条件的限制，确定演练事件类型、等级、地域、参演机构及人数、演练方式等。演练需求和演练范围往往互为影响。

4）安排演练准备与实施的日程计划，包括各种演练文件编写与审定的期限、物资器材准备的期限、演练实施的日期等。

5）编制演练经费预算，明确演练经费筹措渠道。

（2）设计演练方案。

演练方案由文案组编写，通过评审后由演练领导小组批准，必要时还需报有关主管单位同意并备案。主要内容包括：

1）确定演练目标。

演练目标是需完成的主要演练任务及其达到的效果，一般说明“由谁在什么条件下完成什么任务，依据什么标准，取得什么效果”。演练目标应简单、具体、可量化、可实现。一次演练一般有若干项演练目标，每项演练目标都要在演练方案中有相应的事件和演练活动予以实现，并在演练评估中有相应的评估项目判断该目标的实现情况。

2）设计演练情景与实施步骤。

演练情景要为演练活动提供初始条件，还要通过一系列的情景事件引导演练活动继续，直至演练完成。演练情景包括演练场景概述和演练场景清单。

演练场景概述，要对每一处演练场景的概要说明，主要说明事件类别、发生的时间地点、发展速度、强度与危险性、受影响范围、人员和物资分布、已造成的损失、后续发展预测、气象及其他环境条件等。

演练场景清单，要明确演练过程中各场景的时间顺序列表和

空间分布情况。演练场景之间的逻辑关联依赖于事件发展规律、控制消息和演练人员收到控制消息后应采取的行动。

3）设计评估标准与方法。

演练评估是通过观察、体验和记录演练活动，比较演练实际效果与目标之间的差异，总结演练成效和不足的过程。演练评估应以演练目标为基础。每项演练目标都要设计合理的评估项目方法、标准。根据演练目标的不同，可以用选择项（如：是/否判断，多项选择）、主观评分（如：1—差、3—合格、5—优秀）、定量测量（如：响应时间、被困人数、获救人数）等方法进行评估。

为便于演练评估操作，通常事先设计好评估表格，包括演练目标、评估方法、评价标准和相关记录项等。有条件时还可以采用专业评估软件等工具。

4）编写演练方案文件。

演练方案文件是指导演练实施的详细工作文件。根据演练类别和规模的不同，演练方案可以编为一个或多个文件。编为多个文件时可包括演练人员手册、演练控制指南、演练评估指南、演练宣传方案、演练脚本等，分别发给相关人员。对涉密应急预案的演练或不宜公开的演练内容，还要制订保密措施。

① 演练人员手册。内容主要包括演练概述、组织机构、时间、地点、参演单位、演练目的、演练情景概述、演练现场标识、演练后勤保障、演练规则、安全注意事项、通信联系方式等，但不包括演练细节。演练人员手册可发放给所有参加演练的人员。

② 演练控制指南。内容主要包括演练情景概述、演练事件清单、演练场景说明、参演人员及其位置、演练控制规则、控制人员组织结构与职责、通信联系方式等。演练控制指南主要供演练控制人员使用。

③ 演练评估指南。内容主要包括演练情景概述、演练事件清

单、演练目标、演练场景说明、参演人员及其位置、评估人员组织结构与职责、评估人员位置、评估表格及相关工具、通信联系方式等。演练评估指南主要供演练评估人员使用。

④ 演练宣传方案。内容主要包括宣传目标、宣传方式、传播途径、主要任务及分工、技术支持、通信联系方式等。

⑤ 演练脚本。对于重大综合性示范演练，演练组织单位要编写演练脚本，描述演练事件场景、处置行动、执行人员、指令与对白、视频背景与字幕、解说词等。

5）演练方案评审。

对综合性较强、风险较大的应急演练，评估组要对文案组制订的演练方案进行评审，确保演练方案科学可行，以确保应急演练工作的顺利进行。

（3）演练动员与培训。

在演练开始前要进行演练动员和培训，确保所有演练参与人员掌握演练规则、演练情景和各自在演练中的任务。

所有演练参与人员都要经过应急基本知识、演练基本概念、演练现场规则等方面的培训。对控制人员要进行岗位职责、演练过程控制和管理等方面的培训；对评估人员要进行岗位职责、演练评估方法、工具使用等方面的培训；对参演人员要进行应急预案、应急技能及个体防护装备使用等方面的培训。

（4）应急演练保障。

1）人员保障。

演练参与人员一般包括演练领导小组、演练总指挥、总策划、文案人员、控制人员、评估人员、保障人员、参演人员、模拟人员等，有时还会有观摩人员等其他人员。在演练的准备过程中，演练组织单位和参与单位应合理安排工作，保证相关人员参与演练活动的时间；通过组织观摩学习和培训，提高演练人员素质和技能。

2）经费保障。

演练组织单位每年要根据应急演练规划编制应急演练经费预算，纳入该单位的年度财政（财务）预算，并按照演练需要及时拨付经费。对经费使用情况进行监督检查，确保演练经费专款专用、节约高效。

3）场地保障。

根据演练方式和内容，经现场勘察后选择合适的演练场地。桌面演练一般可选择会议室或应急指挥中心等；实战演练应选择与实际情况相似的地点，并根据需要设置指挥部、集结点、接待站、供应站、救护站、停车场等设施。演练场地应有足够的空间，良好的交通、生活、卫生和安全条件，尽量避免干扰公众生产生活。

4）物资和器材保障。

根据需要，准备必要的演练材料、物资和器材，制作必要的模型设施等，主要包括：

① 信息材料：主要包括应急预案和演练方案的纸质文本、演示文档、图表、地图、软件等。

② 物资设备：主要包括各种应急抢险物资、特种装备、办公设备、录音摄像设备、信息显示设备等。

③ 通信器材：主要包括固定电话、移动电话、对讲机、海事电话、传真机、计算机、无线局域网、视频通信器材和其他配套器材，尽可能使用已有通信器材。

④ 演练情景模型：搭建必要的模拟场景及装置设施。

5）通信保障。

应急演练过程中应急指挥机构、总策划、控制人员、参演人员、模拟人员等之间要有及时可靠的信息传递渠道。根据演练需要，可以采用多种公用或专用通信系统，必要时可组建演练专用通信与信息网络，确保演练控制信息的快速传递。

6）安全保障。

演练组织单位要高度重视演练组织与实施全过程的安全保障工作。大型或高风险演练活动要按规定制定专门应急预案，采取预防措施，并对关键部位和环节可能出现的突发事件进行针对性演练。根据需要为演练人员配备个体防护装备，购买商业保险。对可能影响公众生活、易于引起公众误解和恐慌的应急演练，应提前向社会发布公告，告示演练内容、时间、地点和组织单位，并做好应对方案，避免造成负面影响。

演练现场要有必要的安保措施，必要时对演练现场进行封闭或管制，保证演练安全进行。演练出现意外情况时，演练总指挥与其他领导小组成员会商后可提前终止演练。

8. 应急演练实施

（1）演练启动。

演练正式启动前一般要举行简短仪式，由演练总指挥宣布演练开始并启动演练活动。

（2）演练执行。

1）演练指挥与行动。

① 演练总指挥负责演练实施全过程的指挥控制。当演练总指挥不兼任总策划时，一般由总指挥授权总策划对演练过程进行控制。

② 按照演练方案要求，应急指挥机构指挥各参演队伍和人员，开展对模拟演练事件的应急处置行动，完成各项演练活动。

③ 演练控制人员应充分掌握演练方案，按总策划的要求，熟练发布控制信息，协调参演人员完成各项演练任务。

④ 参演人员根据控制消息和指令，按照演练方案规定的程序开展应急处置行动，完成各项演练活动。

⑤ 模拟人员按照演练方案要求，模拟未参加演练的单位或人

员的行动，并做出信息反馈。

2）演练过程控制。

总策划负责按演练方案控制演练过程。

① 桌面演练过程控制。在讨论式桌面演练中，演练活动主要是围绕对所提出问题进行讨论。由总策划以口头或书面形式，部署引入一个或若干个问题。参演人员根据应急预案及有关规定，讨论应采取的行动。

在角色扮演或推演式桌面演练中，由总策划按照演练方案发出控制消息，参演人员接收到事件信息后，通过角色扮演或模拟操作，完成应急处置活动。

② 实战演练过程控制。在实战演练中，要通过传递控制消息来控制演练进程。总策划按照演练方案发出控制消息，控制人员向参演人员和模拟人员传递控制消息。参演人员和模拟人员接收到信息后，按照发生真实事件时的应急处置程序，或根据应急行动方案，采取相应的应急处置行动。

控制消息可由人工传递，也可以用对讲机、电话、手机、传真机、网络等方式传送，或者通过特定的声音、标志、视频等呈现。演练过程中，控制人员应随时掌握演练进展情况，并向总策划报告演练中出现的各种问题。

3）演练解说。

在演练实施过程中，演练组织单位可以安排专人对演练过程进行解说。解说内容一般包括演练背景描述、进程讲解、案例介绍、环境渲染等。对于有演练脚本的大型综合性示范演练，可按照脚本中的解说词进行讲解。

4）演练记录。

演练实施过程中，一般要安排专门人员，采用文字、照片和音像等手段记录演练过程。文字记录一般可由评估人员完成，主要包括演练实际开始与结束时间、演练过程控制情况、各项演练活动中参演人员的表现、意外情况及其处置等内容，尤其要详细记录可能出现的人员“伤亡”（如进入“危险”场所而无安全防护，在规定的时间内不能完成疏散等）及财产“损失”等情况。

照片和音像记录可安排专业人员和宣传人员在不同现场、不同角度进行拍摄，尽可能全方位反映演练实施过程。

5）演练宣传报道。

演练宣传组按照演练宣传方案做好演练宣传报道工作。认真做好信息采集、媒体组织、广播电视节目现场采编和播报等工作，扩大演练的宣传教育效果。对涉密应急演练要做好相关保密工作。

（3）演练结束与终止。

演练完毕，由总策划发出结束信号，演练总指挥宣布演练结束。演练结束后所有人员停止演练活动，按预定方案集合进行现场总结讲评或者组织疏散。保障部负责组织人员对演练场地进行清理和恢复。

演练实施过程中出现下列情况，经演练领导小组决定，由演练总指挥按照事先规定的程序和指令终止演练：

① 出现真实突发事件，需要参演人员参与应急处置时，要终止演练，使参演人员迅速回归其工作岗位，履行应急处置职责。

② 出现特殊或意外情况，短时间内不能妥善处理或解决时，可提前终止演练。

9. 应急演练评估与总结

（1）演练评估。

演练评估是在全面分析演练记录及相关资料的基础上，对比参演人员表现与演练目标要求，对演练活动及其组织过程做出客观评价，并编写演练评估报告的过程。所有应急演练活动都应进行演练评估。

演练结束后可通过组织评估会议、填写演练评价表和对参演人员进行访谈等方式，也可要求参演单位提供自我评估总结材料，进一步收集演练组织实施的情况。

演练评估报告的主要内容一般包括演练执行情况、预案的合理性与可操作性、应急指挥人员的指挥协调能力、参演人员的处置能力、演练所用设备装备的适用性、演练目标的实现情况、演练的成本效益分析、对完善预案的建议等。

（2）演练总结。

演练总结可分为现场总结和事后总结。

现场总结：在演练的一个或所有阶段结束后，由演练总指挥、总策划、专家评估组长等在演练现场有针对性地进行讲评和总结。内容主要包括本阶段的演练目标、参演队伍及人员的表现、演练中暴露的问题、解决问题的办法等。

事后总结：在演练结束后，由文案组根据演练记录、演练评估报告、应急预案、现场总结等材料，对演练进行系统和全面的总结，并形成演练总结报告。演练参与单位也可对本单位的演练情况进行总结。

演练总结报告的内容包括：演练目的，时间和地点，参演单位和人员，演练方案概要，发现的问题与原因，经验和教训，以及改进有关工作的建议等。

（3）成果运用。

对演练中暴露出来的问题，演练单位应当及时采取措施予以改进，包括修改完善应急预案、有针对性地加强应急人员的教育和培训、对应急物资装备有计划地更新等，并建立改进任务表，按规定时间对改进情况进行监督检查。

（4）文件归档与备案。

演练组织单位在演练结束后应将演练计划、演练方案、演练评估报告、演练总结报告等资料归档保存。

对于由上级有关部门布置或参与组织的演练，或者法律、法规、规章要求备案的演练，演练组织单位应当将相关资料报有关部门备案。

（5）考核与奖惩。

演练组织单位要注重对演练参与单位及人员进行考核。对在演练中表现突出的单位及个人，可给予表彰和奖励；对不按要求参加演练，或影响演练正常开展的，可给予相应批评。

三、应急预案的修订

应急预案每三年至少修订一次，有下列情形之一的，应及时进行修订。

（1）本单位生产规模发生较大变化或进行重大技术改造的。

（2）本单位隶属关系或管理模式发生变化的。

（3）周围环境发生变化、形成重大危险源的。

（4）应急组织指挥体系或者职责已经调整的。

（5）依据的法律、法规和标准发生变化的。

（6）应急处置和演练评估报告提出整改要求的。

（7）政府有关部门提出要求的。

应急预案修订后应重新发布，并按照有关程序重新备案。

第六节　现场应急处置“一事一卡一流程”编制

一、定义

“一事一卡一流程” 主要针对电网、设备事故和人身事故的

现场应急处置而编制。它是应急预案体系的重要组成部分，现场处置方案在班组的落脚点，班组在发生突发事件后开展现场应急处置的标准化作业指导书。

“一事”：指预想可能发生的某一具体事件，包括设备故障跳闸、电网系统故障、人身伤害和自然灾害等事件。

“一卡”：指为应对某一事件而预先编制并存放在现场，用以指导现场开展处置工作的一张应急操作卡，必要时可包括附件。

“一流程”：指为应对某一事件而采取的信息报告、现场组织安排、现场应急操作的一个完整的处置流程。

二、编制原则和范围

“一事一卡一流程”按照“谁使用、谁编制”原则编制。在电网方面，要以防变电站全停方案为基础，结合输变电运维和检试特点，编制应对可能造成严重后果的输变电设备故障事件的“一事一卡一流程”；在人身方面，要以人身伤亡应急预案为基础，根据现场实际，结合火灾、卫生、交通等现场处置方案，编制应对可能造成严重后果的自然灾害、人身伤亡、火灾事故等事件的“一事一卡一流程”。

编制“一事一卡一流程”的核心是针对班组作业现场可能发生的各类事件，根据现场处置的一般规则、流程和基本要求，编制便于快速、准确、有效开展事故处置的流程和应急操作卡，明确现场人员在事故处置中的职责，指导现场人员准确、规范和快速有效地进行现场处置。

“一事一卡一流程”的事件分成自然灾害、事故灾难（包括人身、设备和火灾）、公共卫生事件、社会安全事件四大类，分别根据事件特点和可能造成的后果，编制变电运维、变电检试、输电运检人员现场应急处置“一事一卡一流程”。

三、编制内容

“一事一卡一流程”包括应急处置流程图、应急操作卡和附件等。

1. 应急处置流程图

应急处置流程图采用Visio工具绘制，主要包括流程类别、应急事件和具体流程。其中流程类别与四大类事件对应；应急事件是与目录对应的事件名称，按照事件处置人员和特征等进行描述，格式为：××人员应对××××现场处置，其中××指处置人员分类，××××指具体事件；流程图中的现场应急处置部分可直接引用应急操作卡内容，格式为：按《应急操作卡》进行现场××，其中××一般为急救、抢修、操作等动词。

2. 应急操作卡

应急操作卡是指导现场开展具体应急处置行动的一张卡片，主要包括风险预控措施和现场处置步骤。标题中的事件名称与相应的应急处置流程图对应；风险预控措施包括重要的、特殊的现场应急安全措施和安全注意事项；现场处置步骤的分类可根据应急处置的特性，选择一个划分标准，如时间阶段、处置人员、处置对象、处置方法等。

3. 附件

必要时，为了更快速、准确、有效开展现场应急处置工作，可预先准备与现场处置直接相关的资料，提高现场处置的正确性和效率。主要包括图（如：火灾逃生图）、操作（执行）票（卡）、检查对照表以及与处置有关的其他文档资料。

四、编制程序

编制按照计划、编制、审核、批准和发布程序进行。

1. 计划

根据电网企业部署和各单位实际情况，制订编制或修订“一

事一卡一流程”的工作计划。

2. 编制

班组根据某事件的应急处置流程，按本规范的内容和要求编制“一事一卡一流程”，并由班组长组织相关人员依据本规范进行预审查。

3. 审核

由部门（专业室）组织对班组编制的“一事一卡一流程”进行审核，并将审核结果书面反馈给班组。

4. 批准和发布

班组根据部门（专业室）审核意见完成修改后，经部门（专业室）领导签字批准后发布，并将电子文档报安全监察质量部备案。

“一事一卡一流程”应每年由班组进行一次复查，并经部门（专业室）审核人签名确认。

“一事一卡一流程”应每3 ~ 5年进行一次全面修订，并履行编制、审核、批准和发布的程序。期间如出现下列情况时应及时重新修订：

（1）上级标准、规程、规定相关内容发生较大变化。

（2）应急预案和现场处置方案发生较大变化。

（3）处置流程发生较大变化。

（4）系统接线（或运行）方式发生较大变化。

（5）技改、扩建后设备发生较大变更。

（6）演练中发现严重不符合的内容。

五、保管和使用

（1）经批准发布的“一事一卡一流程”应打印三套。其中一套报部门（专业室）备案，一套由班组存档，一套放在班组明显位置，供应急处置人员随时取用的。

（2）每套“一事一卡一流程”应编制目录并装订成册，内附审批页和修改页。

（3）发生应急事件时，由现场应急处置负责人将与事件对应的“一事一卡一流程”随带到现场，并按照处置流程和步骤进行处置。

六、培训和演练

（1）班组应按照应急管理工作的要求，制订“一事一卡一流程”年度培训和演练计划，并按计划实施。培训可结合日常培训和反事故演习等进行，演练一般采用模拟实战演练方式。

（2）班组应每半年进行一次“一事一卡一流程”演练。

（3）当出现相关应急事件的风险预警时，应提前组织相关人员按“一事一卡一流程”进行针对性预演。

（4）演练计划实施前，应根据演练内容制定演练方案，并全过程记录。演练结束后，应对演练进行全面评估，并提出改进意见和建议。

第五章

应急救援队伍建设与管理

第一节 概述

电网企业应急救援队伍由应急指挥员队伍、应急救援基干队伍、应急抢修队伍和应急专家队伍组成。

一、应急指挥员队伍

应急指挥员队伍负责突发事件应急处置过程中的指挥和协调。应急救援过程效果的好坏，应急指挥员是关键。应急指挥员队伍的素质高低，决定着应急救援行动的质量和应急救援基干队伍、应急抢修队伍和应急专家队伍能力的发挥。

应急指挥员队伍的职责如下：

（1）坚持救人第一、防止灾害扩大。在保障施救人员安全的前提下，果断抢救受困人员的生命，迅速控制突发事件现场，防止灾害扩大。

（2）坚持统一领导、科学决策施救。由现场指挥部和应急指挥部（指挥中心）根据预案要求和现场情况变化组织应急响应和应急救援，现场指挥部负责现场具体处置、重大决策由应急指挥部（指挥中心）决定。

（3）坚持信息畅通、快速协调应对。应急指挥部（指挥中心）、现场指挥部与应急救援队伍应保证实时互通信息，提高应急救援效率，在突发事件事发单位开展自救的同时，外部应急救援力量根据突发事件事发单位的需求和应急指挥部（指挥中心）的要求参与救援。

（4）坚持保护生态、减少环境污染。在指挥突发事件事应急处置过程中应加强对生态环境的保护，控制突发事件范围，减少对人员、大气、土壤、水体的污染。

（5）坚持保护现场、保留相关证据。在应急救援处置过程中，应急指挥员应考虑妥善保护突发事件现场以及相关证据。任何人不得以应急救援为借口，故意破坏突发事件现场、毁灭相关证据。

二、应急救援基干队伍

应急救援基干队伍是指为切实防范和有效应对突发电力安全事故及对电网企业和社会造成重大影响的各突发事件，及时开展损毁设施信息收集，快速提供必要电力供应，参与救援和恢复电网运行而组建的队伍。应急救援基干队伍负责快速响应实施突发事件应急救援。

应急救援基干队伍的职责：

（1）经营区域内发生重特大灾害时，以最快速度到达灾区，抢救员工生命，协助政府开展救援，提供应急供电保障，树立国家电网良好企业形象。公司系统各单位应切实履行社会责任，服从地方政府统一指挥，积极参加各类突发事件应急救援，提供抢险和应急救援所需电力支持，优先为地方政府抢险救援及指挥、灾民安置、医疗救助等重要场所提供电力保障。

（2）及时掌握并反馈受灾地区电网受损情况及社会损失、地理环境、道路交通、天气气候、灾害预报等信息，提出应急抢险救援建议，为应急指挥提供可靠决策依据。

（3）开展突发事件先期处置，搭建前方指挥部，确保应急通信畅通，为后续应急队伍的进驻做好前期准备。

（4）在培训、演练等活动中，发挥骨干作用，配合做好相关工作。

三、应急抢修队伍

应急抢修队伍是指在应急管理的恢复重建阶段，承担电网设施大范围损毁修复等任务，为尽快恢复电网运行而组建的队伍。

电网企业应急抢修队伍包括：送电线路抢修队伍、配电线路抢修队伍、变电站抢修队伍。

应急抢修队伍的职责如下：

（1）接受应急指挥部（指挥中心）的领导，按照应急指挥部（指挥中心）要求完成本专业、本岗位的抢修工作任务。

（2）平时做好本专业、本岗位的抢修设备和工器具维护，保持合格健康状态，保持抢修工器具和材料的整洁、齐全、完备。

（3）抢修前应按规定认真检查安全用具和其他工器具，抢修工作现场正确使用劳保用品和个人安全工器具，严禁使用不合格的安全工器具。

（4）抢修过程中能做到“四不伤害”，严格执行抢修制度，正确使用工作票和抢修单，加强安全意识和自我保护意识。

（5）抢修后对备品备件进行检查、修复、补充，满足事故抢修的需要。完成抢修任务后要进行统计分析，并制作成电子文档存档，可作为今后设备改造的依据。

四、应急专家队伍

应急专家队伍是指为应急工作提供决策建议、专业咨询、理论指导和技术支持而组建的队伍。应急工作分为自然灾害、事故灾难处置应对，和公共卫生与社会安全事件处置应对两大类。

应急专家队伍的职责如下：

（1）接受本单位应急管理部门的管理，发挥理论和专业技术优势，积极参与本单位应急管理工作，提出应急工作意见和建议，对突发事件进行分析、研判，必要时参加现场应急处置、事后调查评估等工作，提供决策建议、专业咨询。

（2）为应急管理工作的开展提供技术支持，参与有关研讨评审、能力评估及监督检查等工作。

（3）参与应急管理宣传和培训工作。

（4）参与应急预案及应急管理有关规章制度、标准、文件的编制和审议。

第二节　应急救援基干队伍建设

一、应急救援基干队伍的建设目标

电网企业应急救援基干队伍的建设目标：平战结合、一专多能、装备精良、训练有素、快速反应、战斗力强。

二、应急救援基干队伍的建设要求

1. 组建和归口管理

目前电网企业应急救援基干队伍，由应急管理部门负责组建和归口管理。基干队伍属非脱产性质，不单独设置机构。

基干队伍一般挂靠在灾害易发多发地区供电单位、省会城市供电单位、运行检修单位或工程施工单位，由挂靠单位负责具体管理，人员主要从挂靠单位选取，如确有需要亦可从其他基层单位选取少量人员，但需满足队伍快速集结出发的要求。

有条件的省级电力公司直属单位、市级供电公司、县级供电公司可以分别组建应急救援基干队伍。

2. 人员配置

省级电力公司应急救援基干队伍定员50人左右，设队长一名，全面负责队伍管理、组织训练和现场救援指挥工作；设副队长两名，协助队长开展工作。省级电力公司直属单位、市级供电公司、县级供电公司应急救援基干队伍定员人数，可以根据当地灾情、灾种和历史灾害严重程度确定。

基干队伍内部一般分为综合救援、应急供电、信息通信、后勤保障（含新闻宣传）等四组，各组根据人员数量设组长一至两人。

3. 人员素质

（1）基本素质。

1）具有良好的政治素质，较强的事业心，遵守纪律，团队意识强。

2）男性，年龄20～45岁，身体健康、强壮，心理素质良好，无妨碍工作的病症，能适应恶劣气候和复杂地理环境。

3）具有中技及以上学历，从事电力专业工作3年以上，业务水平优秀。

4）具有较强的工器具操作使用能力。

5）队员的选拔坚持自觉自愿的原则。

（2）专业技能。

1）通过强化培训，基干队伍成员必须熟练掌握应急供电、应急通信、消防、灾害灾难救援、卫生急救、营地搭建、现场测绘、高处作业、野外生存等专业技能，熟练掌握所配车辆、舟艇、机具、绳索等的使用。

2）基干队伍要结合所处地域自然环境、社会环境、产业结构等实际，研究掌握其他应急技能。

三、装备配置

（1）应急基干队伍应配备运输、通信、电源及照明、安全防护、单兵、生活等各类装备，基本装备清单见表5-1。电网企业还应结合所处地域社会环境、自然环境、产业结构等实际，增设相关装备。

表5-1　应急基干队伍基本装备表

序号	品名	单位	数量	类别	备注
1	冲锋服	套	1/人	单兵装备	
2	登山鞋	双	1/人	单兵装备	
3	防雨雪保暖衣	套	1/人	单兵装备	
4	便携式餐具	套	1/人	单兵装备	
5	睡袋	套	1/人	单兵装备	
6	个人生活用品	套	1/人	单兵装备	
7	登山用保暖壶	个	1/人	单兵装备	
8	电工工具	套	1/人	单兵装备	
9	便携式背包	个	1/人	单兵装备	
10	雨衣	套	1/人	单兵装备	
11	洗漱用品	套	1/人	单兵装备	
12	强光手电筒	套	1/人	单兵装备	
13	急救包	套	1/人	单兵装备	
14	应急工作手册	册	1/人	单兵装备	
15	照相机	套		单兵装备	每3人配置1台
16	摄像机	套		单兵装备	每6人配置1台
17	对讲机	台	1/人	单兵装备	
18	望远镜	台	1/人	单兵装备	
19	卫星定位仪	台	1/人	单兵装备	
20	野营帐篷	顶		生活保障类	每6人配置1顶
21	炊事用具	套		生活保障类	每6人配置1套

续表

序号	品名	单位	数量	类别	备注
22	应急食品	宗	1/人	生活保障类	
23	安全帽	套	1/人	安全防护类	
24	安全带	套	1/人	安全防护类	
25	攀登绳索	套	1/人	安全防护类	
26	绳索发射枪	套		安全防护类	每6人配置1套
27	气体报警控制器	台		安全防护类	每6人配置1台
28	红外夜视眼镜	套	1/人	安全防护类	
29	防毒面罩	套	1/人	安全防护类	
30	折叠担架	付		安全防护类	每6人配置1付
31	小型破拆装备	台		安全防护类	每6人配置1台
32	汽油切割锯	台		安全防护类	每10人配置1台
33	无线电台40W	台	2	通信类	
34	车载电台	台	2	通信类	
35	卫星电话	套	2	通信类	
36	海事卫星设备	套	1	通信类	
37	Vsat 卫星便携站	套	1	通信类	
38	笔记本电脑	套		通信类	每6人配置1套
39	便携式发电机	台		发电照明类	每6人配置1台
40	小型发电机	台		发电照明类	每10人配置1台
41	小型泛光照明设备	台		发电照明类	每10人配置1台
42	便携式配电箱	套		发电照明类	每10人配置1套
43	照明及动力电缆	米	2000m	发电照明类	220、380V 分别配置
44	应急抢修车	辆		运输设备类	每10人配置一辆
45	越野车	辆	2	运输设备类	
46	野战炊事车	辆	1	运输设备类	

（2）与正常生产工作共用的应急装备，可与本单位正常生产装备设施共同存放和保养。属应急处置专用的装备设施，应按相应规定设立专用仓库妥善存放和按时保养，并指定专人负责。应

急装备未经应急管理部门许可不得挪作他用。

（3）应急装备应按模块化存放，并不断完善组合方式。

四、资金保障

（1）电网企业应建立相应资金保障机制，明确资金来源，确保应急救援基干队伍建设、运行和应急救援经费。紧急情况下应首先保证应急救援行动的开展，再按照程序办理预算变更或预算追加手续。

（2）应急基干队伍跨省、跨区域支援时，费用原则上由本单位承担。

第三节　应急救援基干队伍管理

一、管理分工

1. 最高层电网企业安全监察质量部管理职责

（1）负责组织制定应急救援基干队伍建设和管理的有关标准和制度。

（2）负责督查、指导电网企业应急救援基干队伍建设与管理；定期或不定期召开应急救援基干队伍负责人会议，通报情况、布置工作、交流经验。

（3）负责调度和协调应急救援基干队伍跨省应急救援工作。

2. 省级电网企业和相关单位应急管理部门管理职责

（1）负责落实上级有关标准和制度，制定应急救援基干队伍的管理实施细则。

（2）负责组织本单位应急救援基干队伍的建设和管理，监

督应急救援基干队伍技能培训、装备维护、演练拉练等工作的开展；组织或参加应急救援基干队伍会议，通报情况、布置工作。

（3）负责调度和指挥本单位应急救援基干队伍应急救援工作。

3. 应急救援基干队伍挂靠单位管理职责

（1）负责应急救援基干队伍的制度建设、测评、考核等日常管理事项。

（2）负责组织制订年度技能培训、装备维护、演练拉练等工作计划和实施方案，并组织实施；定期或不定期召开基干分队会议，通报情况、布置工作。

（3）根据应急管理部门要求，组织应急救援基干队伍开展应急救援工作。

（4）负责为应急救援基干队伍队员办理相关人身保险。

二、日常管理

（1）应急救援基干队员平时在本单位参加日常生产经营活动，挂靠单位应保证2/3以上队员在辖区内工作，并随时接受调遣参加应急救援。基干队员应保持24小时通信联络畅通。

（2）挂靠单位应当建立应急救援基干队员个人身份信息卡，按季向上级应急管理部门报告队员动态。

（3）应急救援基干队伍每年进行一次队伍测评，评估队员的年龄、体能、技能、专业分布等是否符合队伍结构的要求，并根据结果进行调整。每个队员服役时间不应少于3年。

（4）应急救援基干队伍每季或根据需要召开队伍会议，通报情况、布置工作、总结交流经验。

（5）电网企业应当组织制订应急救援基干队伍演练、拉练、培训计划，报上级安监部备案，由上级安监部监督实施。

（6）应急救援基干队伍开展演练、拉练、培训，以及参加应急救援工作期间，由挂靠单位给予一定的经济补贴。

（7）应急救援基干队伍参加培训、演练、拉练及应急救援等工作时，应着统一应急服装和标示，并随身携带个人身份信息卡。队员服装主色调为橘红色，带电网企业标识和荧光带。个人身份信息卡应记录姓名、年龄、单位、职务、过往病史、过敏药物、血型、单位联系方式等。

（8）应急救援基干队伍应建立健全安全管理、培训管理、演练拉练、装备保养、信息处理等管理制度，并建立和不断完善应急工作联系手册、现场救援工作程序、现场基本处置方案等。

三、培训与演练

（1）电网企业应根据可能承担的应急救援任务特点，按照队员的具体情况，制订详细的计划，组织开展培训、演练、拉练活动。

（2）技能培训应充分利用电网企业应急培训基地资源进行。初次技能培训每人每年不少于50个工作日，以后每年轮训应不少于20个工作日。培训类别和科目（不限于）见表5-2。

表5-2 应急救援基干队伍培训类别和科目

类别	培训科目
应急理论	应急管理理论、规章制度
	灾难体验、紧急避险常识
基本技能	体能训练
	心理训练
	拓展训练
	疏散逃生
	游泳逃生
	现场急救与心肺复苏
	安全防护用具使用
	高空安全降落
	起重搬运

续表

类别	培训科目
专业技能	现场处置方案编制
	特种车辆驾驶
	现场破拆与导线锚固
	山地器材运输
	水面人员救援、器材运输
	救援营地（帐篷、后勤保障设施）搭建
	野外生存
应急装备操作技能	现场低压照明网搭建
	应急通信车、海事卫星通信与单兵使用
	冲锋舟、橡皮艇操作技能
	危险化学品、高温等环境特种防护装备使用

（3）应急救援基干队员科目培训合格由培训单位颁发证书，无合格证书者不能参加应急救援行动。

（4）应急救援基干队伍应根据现场救援工作程序和救援处置方案内容，每年至少组织两次演练或拉练，并组织评估、修订完善救援现场处置方案。

四、队伍调派

1. 应急救援基干队伍调派原则

（1）发生自然灾害、事故灾难等突发事件时，原则上由事发地电网企业基层单位处置。如事件超出基层单位处置能力，可申请上级调派应急救援基干队伍救援；跨省、跨区域突发事件处置需要支援时，可请求最高层电网企业调派其他单位应急救援基干队伍参与救援。

（2）电网企业根据需要派出应急救援基干队伍参与本地社会救援；最高层电网企业根据需要调派应急救援基干队伍参与国内外重特大突发事件救援。

（3）应急救援基干队伍的调派指令，由电网企业应急管理部门报请相应应急领导小组组长批准后下达。

2. 应急救援基干队伍调派流程

电网企业根据应急处置规模和技术要求，在自身无法完成的情况下，向上级应急管理部门提出应急支援需求。

（1）市级供电公司层面调拨。

1）县级供电公司根据应急处理情况组织制定应急支援需求方案，经本单位应急领导小组或应急指挥部审核后向市级供电公司应急管理部门提出申请。

2）市级供电公司应急管理部门对下级单位提出的需求申请进行审核，并制定处置方案，经本单位应急领导小组审核后，按方案执行。

3）市级供电企业内部能处理的应急情况，相应管理部门根据审批方案下达调拨指令通知。

4）县级供电企业安全运检部负责接收相应的指令通知，并按照通知要求，组织应急救援队伍。

5）需求单位统一组织应急救援支援队伍开展应急处置工作，对应急处置工作进行总结并上报。

（2）省级电力公司层面调拨。

1）对于省级电力公司直属单位或市级供电企业内部无法处置的突发事件，相关单位应急领导小组或应急指挥部向省级电力公司应急管理部门申请调派支援。

2）省级电力公司应急管理部门负责审核下级单位请求，制订调派支援方案，经省级电力公司应急领导小组审批后，下达调派支援通知。

3）省级电力公司直属单位或市级供电公司应急管理部门根据调派通知进行处理，并总结事故处理和应急支援工作。

4）省级电力公司应急管理部门总结突发事件应急处置与应急支援工作。

五、救援行动

（1）应急救援基干队伍接到救援行动命令，应立即响应，做好应急准备，按要求赶赴集结地点。应急准备包括：队员集结待命、队员身体及精神状态检查、核实联系方式、器材装备和后勤保障物资检查、保持通信畅通等。

（2）应急救援基干队伍到达指定地点后，应急救援基干队伍依据队伍职责内容和应急指挥机构的要求开展应急救援工作。

（3）执行应急救援任务时，应急救援基干队伍应根据承担任务性质和现场环境特点，按照专业技能分工，在相互协作、保证自身安全的前提下实施应急救援工作。

（4）执行应急救援任务期间，应急救援基干队伍按有关规定接受受援单位应急指挥机构的指挥，并快速、准确地向上级应急处置决策部门提供信息。

（5）应急救援任务完成后，应急基干分队应及时进行工作总结和评估，并在15天内报送上级有关部门。

六、检查与考核

（1）电网企业定期对应急救援基干队伍管理情况进行检查与考核。

（2）上级定期对下级应急救援基干队伍管理情况进行检查与考核。

（3）参加集中活动时，挂靠单位对应急救援基干队伍进行考核，队长（副队长）对队员考核。

（4）应急救援基干队员在抢险救援过程中做出突出贡献的，按有关规定给予表彰与经济奖励。

第四节　应急专家队伍建设和管理

一、应急专家队伍建设

1. 队伍组建

省公司级单位、省公司级直属单位、市级供电企业、县级供电企业应分别组建应急专家库，并建立“应急专家库信息表”。

应急专家采用聘用制，分为“自然灾害、事故灾难处置应对”“公共卫生与社会安全事件处置应对”两大类，聘用期为三年。

2. 具备条件

（1）具有中级及以上技术职称（省公司应急专家应具有高级及以上技术职称），在应急管理相关专业领域有5年以上工作经验，在专业领域有较高的认可度和知名度，具有丰富的实践经验、较强的指挥协调与决策咨询能力。

（2）对应急工作有热忱，有责任感，有良好的职业道德和敬业精神，熟悉相关规章制度、规程标准，熟悉突发事件应急管理工作及基本程序，遵纪守法，廉洁奉公，作风正派，办事公正。

（3）身体健康，精力充沛，年龄适宜，满足应急工作需要。

3. 聘用程序

应急专家聘用程序：

（1）各单位应急管理部门发布应急专家队伍组建通知，有关单位、个人按要求推荐或自荐。

（2）各单位应急管理部门进行资格审核、选拔，公布受聘专家名单。

（3）各单位应加强应急专家管理，组织开展应急专家研讨、

技术研究、决策咨询和有关应急培训活动。

二、应急专家队伍管理

1. 管理分工

省公司级单位分管领导负责部署应急专家建设、管理工作。

省公司级单位安全监察质量部是应急专家队伍的归口管理部门，负责组织开展应急专家的评选、培训等管理，负责检查考核各单位应急专家管理工作。

市、县级供电企业/直属单位分管领导负责部署本单位应急专家的建设、管理工作。

市、县级供电企业/直属单位安全监察部门是本单位应急专家的归口管理部门，负责组织开展本单位应急专家组建、培训管理工作，负责本单位应急专家有关信息收集、统计汇总、上报工作，支援其他单位开展应急处置工作。

2. 制度管理

（1）根据有关规定，省公司级单位安全监察质量部应制定本单位应急专家管理标准，对本单位应急专家队伍建设管理工作进行规定，完善应急机制，提高应急处置能力。应急专家管理标准经批准后发布实施。

（2）省公司级直属单位、市级供电企业安全监察部门按照规定，制定本单位应急专家管理实施细则，经批准后发布实施。

（3）县级供电企业按照上级单位要求，组织制订本单位应急专家管理实施细则，经批准后发布实施。

第六章

应急救援安全保障

第一节 概述

应急救援时安全保障与整个电网系统的安全工作一样，需要分清安全保证和安全监督两大保障体系。安全保证体系以每个救援队伍和各后勤保障力量为主建立安全质量管理机构，负责现场安全质量的具体工作，落实现场施工的各项安全措施，严格执行安全规定，进行现场安全管控，协调各项安全生产事项，确保救援现场安全；安全监督体系以公司层面或支援队伍中的安全监督人员组成，负责督查现场救援队伍各项安全措施落实情况、领导干部到岗到位情况、现场风险管控和电网风险管控落实情况等。

应急救援安全保障主要是保障抢修现场的安全工作，但也不能忽略一些辅助的安全保障工作。保障应急救援安全时，应充分考虑并落实以下重要内容。

一、现场安全监督分区原则

（1）主线、分支、配变台区分为三级，各级一个单位负责现场安全监督。

（2）一线到底，即一线一个单位监督。

（3）网格化，即一小区域一个单位监督。

二、安全提示

（1）安全工作手册包括以下内容：

1）涉水抢险通电安全；

2）线路巡视安全；

3）防止倒送电安全；

4）电动机具潜水泵操作规范；

5）有限空间防毒防窒息；

6）应急电源操作安全；

7）表箱送电等安全注意事项。

（2）安全提示通报。每天下午四点前，各督查组向安全监督组汇报情况，晚上7点会议前出一期安全提示通报。

（3）现场安全看板提示：交代检查情况、分界点上级带电情况及危险点提示等。

（4）短信安全提示：发各类施工作业安全提示短信。

（5）用户安全提示：在小区室外配电柜、配电箱、临时箱变、电缆通道等处张贴用户安全提示和警示标志；在电视、广播、报纸等媒体进行安全提示；到用户小区发放安全用电知识。

三、安抚用户情绪

（1）成立党团员便民服务点，发放安全用电等宣传资料。

（2）95598咨询答复策略，及时传递现场抢修投入和进度信息，第一时间安抚用户情绪。

（3）通过媒体发布安全用电提示，包括报纸、短信、电视字幕滚动。

（4）张贴未送电原因和后续服务承诺书。

四、快速安全恢复送电

为快速安全恢复送电，居民用户应由本单位负责送电，工作熟悉、方便沟通。

对专变用户的送电操作相对比较单一，可联合外援队伍进行恢复送电。

第二节　应急救援安全保障机制

一、应急救援安全保障机制的建设

在现场抢险指挥部下设安全管理监督组，接受现场抢险指挥部的统一指挥和协调，完善抢险现场安全网络，督促现场各项安全措施有效落实，确保电力抢险现场的安全稳定。

安全管理监督组下设现场安全督查组和现场安全保障组，具体负责抢险现场安全管理和监督工作。

二、安全管理监督组及其职责

安全管理监督组组长由市级供电企业安监部主任担任，副组长由安监部副主任、运检部副主任、营销部副主任和所辖受灾相关单位分管生产负责人担任，成员由安监部、运检部、营销部专职和所辖受灾相关单位安监人员组成。

安全管理监督组的职责：

（1）贯彻落实有关灾后应急救援与处置的法规、规定。

（2）统一指挥灾后电力抢险现场安全监督管理应急工作。

（3）监督灾后电力抢险工作中安全技术措施和组织措施的落实。

（4）统一领导抢险现场安全保障组、现场安全督查组的安全监督管理工作。

（5）督促落实现场抢险指挥部做出的决策和部署。

（6）及时掌握灾后电力抢险现场的安全保障情况，并向现场抢险指挥部汇报。

（7）每日总结分析抢险现场安全情况，对存在的问题及时制订防范措施并在下阶段的抢险工作中加以落实。

三、现场安全督查组及其职责

现场安全督查组由安全管理监督组指派人员组成，负责抢险现场的动态安全监察，根据抢险现场的具体情况，提出保证现场安全的要求和规定。

现场安全督查组职责：

（1）每天对抢险现场开展安全动态监察。

（2）监督抢险现场“防触电、防倒杆、防高空坠落”各项安全措施执行情况。

（3）监督检查现场安全劳动防护措施的落实情况。

（4）监督检查现场抢险指挥部做出的决策和部署的执行情况。

（5）监督检查各项安全管理制度的执行情况。

（6）对每天现场安全监察情况进行分析、总结。

（7）及时通报现场存在的各类违章现象，对存在的重大问题及时上报安全管理监督组。

四、现场安全保障组及其职责

现场安全保障组由各抢险队伍现场安全员、设备主人现场安全配合人组成。

1. 抢险队伍现场安全员职责

（1）掌握抢险现场安全状况。

（2）对现场采取的各项“防触电、防倒杆、防高空坠落”的安全措施到位情况严格监督。

（3）检查现场劳动防护措施的完成情况。

（4）做好抢险过程中现场监护。

（5）严格各项安全管理制度的规范执行。

（6）检查工作现场工作人员对每天的工作任务和安全要求的掌握情况。

（7）每天对现场安全工作认真总结分析，对遇到的问题及时提交安全管理监督组协调解决。

2. 设备主人现场安全配合人职责

（1）做好抢险现场电网接线情况、设备带电情况等作业条件和工作环境的安全交底。

（2）协助好抢险队伍做好现场安全措施，做好停送电的联系配合和工作许可、调度汇报工作。

（3）及时将抢险过程中安全工作碰到的问题，配合上存在的难点向安全管理监督组汇报，以便协调解决。

第三节 应急救援抢险现场安全工作

一、抢险现场安全工作基本要求

（1）抢险现场安全工作应具备的基础资料。

1）线路设备灾后运行带电情况（包括220kV/110kV/35kV/10kV及以下设备情况）。

2）电力线路交叉跨越情况。

3）用户自备电源使用情况。

4）附近危险源。

5）专职工作协调员信息表。

6）各抢险队伍人员信息表。

7）现场抢险指挥部及各级调度联系信息表。

（2）各抢险队伍应按相关规定要求，配备足够的抢险装备机械、车辆及相应的警告设施；安全工器具和相应劳动防护用品；配齐相应的管理人员、技术人员、安全人员、后勤保障人员。

（3）设备主人单位应为每个抢险现场指派现场安全配合人，配合抢险队伍做好停送电手续及现场安全措施。

（4）各抢险队伍应设立总工作联系人，负责与设备主人单位办理工作票，联系停、送电等事宜。

（5）各抢险队伍应做到规范统一着装，文明施工。

（6）灾后抢险工作开始后，安全管理监督组应根据抢险范围和抢险队伍的变动情况，及时完善各级安全网络。

（7）各级安全监督人员到达现场，应立即投入灾后抢险现场安全措施落实情况的监督工作，确保现场抢险人员人身安全。

（8）抢险工作临时聘用的民工须经安全交底，临时聘用民工只能从事抢险工作的物资搬运、地面拖线等地面辅助工作，并需配齐基本的劳动防护用品。

（9）现场抢险指挥部应及时掌握抢险队伍人员变动情况。如人员需调换时，抢险队伍应向现场抢险指挥部汇报，一般情况下不允许调换管理人员、技术人员以及安全人员，以确保管理的连续性。抢险人员增加时必须相应增加管理人员。

（10）抢险工作必须使用工作票或事故应急抢险单。

（11）加强对用户自备电源使用的监督管理，用电检查部门应加大对灾后自备发电机使用情况的检查，对无双投隔离装置的，应采取措施，使之与电网隔离。

（12）加大媒体宣传力度，提高灾后居民安全用电意识，禁止用户私拉乱接和擅自并网发电。

（13）现场抢险指挥部应对每天的抢险工作进行总结，协调解决抢险工作存在的各类问题。

（14）安全网络应每天总结抢险现场安全管理工作情况，根据台风灾后电力抢险范围、抢险现场作业环境，分析抢险现场存在的薄弱环节、安全作业中存在的问题，及时提出灾后抢险工作的各项安全管理要求，制定落实各项防范措施。

二、抢险现场安全工作规定

1. 抢险准备工作

抢险工作前，必须严格履行现场勘察制度。现场查勘时应注意工作范围内线路交跨和自备电源情况，凡作业范围内未做安全措施的线路设备均视为带电。未进行现场踏勘，严禁抢险施工。

设备主人单位应积极配合抢险队伍对灾后现场的查勘工作，切实掌握变电设备、输配电线路灾后变化情况。

设备主人单位应对抢险队伍做好线路、变电设备灾后运行带电情况等作业环境的交底工作。

2. 抢险作业要求

抢险工作应认真做好保证安全的组织措施和技术措施。

损坏范围较大的35kV及以上线路抢险任务，抢险期间可作为退役线路，移交由抢险施工单位按照基建线路安排抢险计划。抢险任务移交前，线路运行管理单位应做好线路运行及带电情况等专题的安全交底工作，按照基建工程项目的管理流程做好各项安全措施。待抢险任务完成后，经验收合格按基建线路投运流程进行投运。

变电站内设备抢险工作，应严格执行“两票三制”、变电检修现场安全管理规定等变电检修工作要求，并做好抢险设备区域与带电运行设备的隔离措施。

高压送电线路跨越施工需要低压配合停电的，抢险队伍应向设备主人单位提出书面停电申请（注明工作单位，联系人，施工线路，需停电的线路及安全措施）一式二份，经设备主人单位核实，签字许可后落实各项停电安全措施。设备主人单位应指定现场安全配合人，现场安全措施可与抢险施工单位协调完成。

灾后电力线路撤线、拆塔、撤杆工作应严格按照相关规程要求执行，上杆工作前必须先检查杆根、杆体情况，杆根松动、杆体开裂、倾斜严重的杆子不得进行上杆作业；必须要进行的登杆作业，应采取有效的措施，并注意登杆的高度。

各抢险队伍应加强现场安全措施的有效落实，对自备电源应采取可靠的隔离措施，抢险现场必须与低压进户侧有效断开。

3. 恢复送电工作

抢险设备恢复送电前，设备主人单位必须会同抢险队伍工作联系人一起，对线路设备进行全线的巡视，重点检查线路的交跨情况、施工质量及安全措施恢复情况。若发现接地线还未拆除，必须查明原因，未查明原因前，禁止拆除接地线恢复送电。

10kV 主干线恢复送电前，应先断开该线路上每个配变台区，待主干线送出后，再逐一恢复每个配变台区。配变台区送电，必须经确认低压送出线路故障已消除或故障已隔离，方可恢复该配变台区送电。

对存在分级调度的高低压线路恢复送电工作，应由该线路（段）抢险工作指定的配合联系人向调度汇报工作终结。线路恢复送电前，调度人员在得到“全线已经过检查，线路无接地线”的回复汇报状况下，方可发令将该线路（线段）恢复送电。

上下级调度之间在线路恢复送电以后要做好信息互通，应每天向现场抢险指挥部汇报恢复送电及电网运行变化情况，各级抗台抢险部每天要及时更正整个系统的恢复情况。

4. 交通与消防安全管理

在路况不熟、地基承载力不清的情况下，严禁行驶和超载作业；严禁人货混装，严禁超速行驶；遇有道路旁施工时，必须做好防止交通事故和高空落物等安全措施，设置现场围栏和遮栏警告标志，在道路交通较复杂的地方，应设专人负责指挥，防止交通事故的发生。

抢险现场应配备必要的灭火器材，防止火灾事故的发生。

第七章

应急救援综合保障

应急救援综合保障能力主要是指电网企业在物资、资金等方面，保障应急工作顺利开展的能力。

第一节 应急物资保障

应急物资是指为防范恶劣自然灾害或其他因素造成电网停电、电站停运，满足短时间恢复供电需要而储备的物资。应急物资分为电网抢修物资（设备和材料）和应急装备（应急抢修工器具、应急救灾物资）。

一、职责分工

1. 应急领导小组

市级供电企业应急领导小组是本单位应急物资协调、调用领导和管理机构，日常工作由企业运检部和安监部等专业部门负责。其主要职责是:

（1）负责应急物资的协调和调用，应急情况下由应急指挥部负责。

（2）负责制定应急物资管理规章制度和办法。

（3）负责建立应急物资储备体系。

2. 市级供电企业物资供应中心

市级供电企业物资供应中心是本单位应急物资工作的组织实施部门，其主要职责是：

（1）负责组织建立应急储备物资台账。

（2）负责应急物资管理信息化的应用。

（3）负责落实本单位物资部布置的应急物资保障工作。

（4）负责组织协议储备供应商的评审和评估工作。

（5）负责指导、监督、检查和考核应急物资管理工作。

（6）负责落实各项应急物资管理工作，制定实施细则。

（7）负责落实跨市县应急储备物资的调配。

（8）负责建立本单位应急储备物资台账。

（9）负责本单位应急物资管理信息化工作的具体实施。

（10）负责组织本单位应急储备库集中储备应急物资的验收、出入库、调拨、稽核盘点、提出补库需求工作。

（11）负责组织协议储备供应商的协议签订和履约工作。

3. 县（市、区）供电企业物资供应中心

县（市、区）供电企业物资供应中心是本单位应急物资管理的具体实施单位，其主要职责是：

（1）负责应急物资储备仓库的建设和维护。

（2）组织收集、汇总、上报应急物资需求。

（3）负责应急物资的履约跟踪、催交催运、收货验收、仓储保管、配送交接。

（4）负责建立应急储备物资台账，动态维护应急物资信息。

（5）负责应急物资管理信息化的应用和维护。

（6）负责管辖区域内应急储备物资的统一调配。

4. 直属单位应急管理部门

直属单位应急管理部门的主要职责是：

（1）组织制定与修订应急物资储备定额。

（2）组织制定应急物资技术规范。

（3）财务部门负责落实应急储备物资的采购资金。

二、分级配置原则

（1）国家电网负责落实所属跨区电网输变电设备的备品配置。

（2）区域电网负责落实本区域所属资产的输变电设备备品配置。

（3）省公司负责落实省公司资产的110kV及以上电压等级输变电设备的备品配置。

（4）市供电企业负责落实省公司资产的35kV及以下电压等级输变配设备的备品配置。

各生产单位应根据管辖设备装运情况和运行数据分析，每年7月编制上报下年度备件需求计划，由运检部汇总后上报省公司。

应急物资应严格按照分级配置、统一调用的原则进行管理；同时，应健全应急物资信息平台数据，确保资源共享。

三、储备定额

110kV及以上应急物资的储备数量和定额由省公司提出，35kV及以下应急物资的储备数量和定额根据市供电企业设备资产数量和实际运行情况制定，各生产单位也要根据管辖范围内设备的运行状况、故障率等情况，制定本单位备件的应急备品备件储备定额。

储备定额需根据实际情况，及时进行修订，不断优化储备定额，逐步提升定额管理水平，减少资金占用。

在自然灾害多发季节，各单位应在生产运维物资储备定额的基础上增加季节性储备定额，作为应急物资储备。

各单位根据应急物资储备定额制定年度应急物资储备方案，并组织实施。

应急物资储备所需资金在技改、大修专项费用中列支。

四、需求与采购

应急物资耗用后，应及时进行补充。应急物资的需求按储备定额与实际储备量的差额确定。

储备的应急物资由物资供应中心上报采购计划，由物资部组织采购。

应急物资由物资供应中心组织合同签订。

应急物资不能满足抢险需要时，可按实际需求组织紧急采购，在应急状态解除后组织合同补签。

五、仓储管理

市、县（市、区）供电公司应选择区域辐射性强、交通方便、仓储设施齐备的仓库存放应急物资。

应急物资储备分为实物储备、协议储备和动态周转等方式。

实物储备是指应急物资采购后存放在应急物资储备仓库内的一种储备方式；协议储备是指应急物资存放在协议供应商工厂内的一种储备方式；动态周转是指在建项目工程物资、大修技改物资、生产备品备件等作为应急物资使用的一种方式。

实物储备的应急物资管理应按照本单位仓储配送管理规定进行管理，保证应急物资质量完好、随时可用。

实物储备的应急物资应根据物资特性确定轮换周期，储存时间达到轮换周期的应急物资，应纳入本单位平衡利库物资范围，优先安排利库，无法纳入平衡利库的应急物资，应与供应商签订协议，组织轮换。

动态周转物资信息由各级物资供应中心负责收集和维护。

六、应急物资台账

物资供应中心负责建立、维护本单位应急物资信息台账。

应急储备物资台账包含实物储备物资、协议供应商可调用物资和动态周转物资信息。

每月二十五日各县（市、区）供电企业物资供应中心收集、汇总本单位实物储备应急物资台账和动态周转物资台账，上报地市供电企业物资供应中心。

每月二十八日之前物资供应中心收集、汇总各单位实物储备应急物资台账、动态周转物资台账及协议供应商协议储备物资台账，报送省公司应急指挥中心和物资部。

七、供应与调配

各单位应急物资的调用由本单位应急指挥中心统一调用。

各单位设立常设应急物资保障机构，接受本单位应急指挥中心的统一管理。

应急物资的供应遵循“先近后远、先利库后采购”的原则以及“先实物、再协议、后动态”的储备物资调用顺序。

在应急状态下，受灾单位应急物资保障组先组织本单位库存利库，库存满足应急需要的，立即组织配送；库存物资无法满足应急需要的，向上级应急物资保障组请求跨区域的应急物资调配。

应急物资保障组负责辖区内各单位之间的应急物资调配。

各单位应急物资保障组在接到应急物资调配指令后，应迅速启动物资配送，并将应急物资保障工作情况实时报送上级应急物资保障组。

跨区域调配应急物资的配送由调出单位组织实施，应急物资需求单位负责接收并做好验收记录。

跨区域调配的应急物资和配送费用由应急物资需求单位负责支付，调出单位做好配合。

第二节　应急通信保障

应急信息和指挥系统是指在较为完善的信息网络基础上，构建的先进实用的应急管理信息平台，实现应急工作管理，应急预警、值班，信息报送、统计，辅助应急指挥等功能，满足供电企业应急指挥中心互联互通，以及与地方政府相关应急指挥中心联通要求，完成指挥员与现场的高效沟通及信息快速传递，为应急管理和指挥决策提供丰富的信息支撑和有效的辅助手段。

一、独立应急保障

1. 变电站通信保障

根据电力通信应急通信保障网的建设要求，各220kV通信站点配置独立于电力通信网的应急CMDA话机，在220kV通信站点通信故障，电话中断情况下，该应急话机可作为临时替代行政、调度电话功能，作为变电站与应急指挥部、调控中心及其他相关部门联络使用。

220kV通信站点应全面覆盖应急灾备链路，该链路通过已运营商网络为支撑，独立于与电力通信光缆网运行，能在电力光缆网络受损情况下，根据中断业务重要等级，对继电保护、自动化、调度电话等重要业务进行迂回，保障应急期间电网的安全运行。

2. 应急现场保障

（1）应急卫星通信系统：前线指挥部配置应急卫星通信系统，该系统与省级高清视频会议系统相连，同时配置单兵系统，可实现前线指挥部、应急指挥中心、应急检修现场的三方音视频互通。由于该系统以卫星通信为支撑，独立于电力通信系统和运

营商通信网络运作，因此可以在电力通信系统严重受损情况下提供可靠稳定的通信保障。

（2）卫星电话：应为在电力通信、运营商网络中断或未覆盖区域执行应急作业的检修小组配置一定数量的卫星电话，实现检修现场和指挥中心、调控等相关部门的通信。在应急情况下，每一台卫星电话可装备一支检修小组。

（3）天翼对讲机系统：该系统为以电信网络为支撑的多方对话系统，可用于应急现场作业指挥。天翼对讲系统终端应发放至输电、检修、运维、配电等专业室，以及送变电公司等单位，在应急情况下可随时调用。

二、联合保障方案

为确保在应急情况下电网的安全运行、应急抢修现场的通信通畅，供电企业可与移动、电信、联通等运营商建立联合应急网络。在应急情况下，运营商依据电网需求，根据自身技术和设备情况，优先为供电企业提供卫星电话、应急通信车辆等支撑。

第三节 应急后勤保障

抢险救灾期间，各单位应做好抢险救灾人数、后勤保障费用的统计工作，受灾单位在抢修期间发生的各项费用，应严格按照有关财务制度规定，取得合法合规的票据并严格履行审核、验收、审批等手续。

抢修期间发生的各项费用均需经过应急指挥机构或运检、人资、后勤等费用归口部门审批。

负责对口的财务专职应密切关注应抢修期间发生的各项费用，并要求运检部、后勤部、党群工作部（工会）等部门联络人将部门发生的后勤保障费用及时上报。

一、应急后勤保障管理职责

1. 信息通信分公司

负责安装调试应急指挥中心相关设备，启用高清应急、标清应急两套技术系统支持省、地、县三级视频会议，负责卫星电话连接；若应急设备需要紧急调用或采购，及时向物资供应中心提出申请。

2. 党群工作部（工会）

负责抢险救灾慰问品发放的归口管理部门，慰问食品、生活用品、保健品等的采购及发放；其他部门慰问支出需经党群工作部（工会）审批同意；慰问品发放应提供发放记录。

3. 人力资源部

负责外部劳务发放标准的审核，各部门外部劳务支出发放标准需报经人力资源部审批同意，具体人员考勤天数由现场管理部门确认。

4. 发展策划部

负责抢险救灾资本化项目的立项申报管理，及时与省公司沟通协调，尽快调整项目综合计划，开立应急项目通道。

5. 综合服务中心

负责抢修救灾工作报道，开展防台保供电、抢险救灾新闻宣传。负责抢险救灾住宿费、餐费（包括餐具）、食品、生活用品（包括帐篷、床、防潮垫、被褥等）、应急劳保用品（批量计划性采购由物资供应中心负责）、药品等的采购与发放，其他部门发生上述支出需经综合服务中心审批同意；负责确定住宿和用餐标准，各类物品发放应提供发放记录。

二、食品、日用品等后勤保障物资管理流程

1. 购置

食品、日用品等后勤保障物资购置应当取得正规发票与销售清单，如因特殊情况，对方单位无法开具销售清单的，采购人员应当根据实际采购物品、数量、单价、金额列出采购清单，采购清单应当由采购人、验收人签字确认。

2. 发放

购入后勤保障物资应当根据实际发放需编制发放清单，发放清单应当有具体发放至某个现场或抢修施工队伍、发放数量及领用人、发放人员签字等信息的清单，由于抢修工作具有一定的紧急性，领用人可由具体现场负责人统一签字，不得由发放人员或采购人员代签。

3. 报销

食品、日用品等后勤保障物资购置费用报销时，应当附有发票、采购清单、发放清单，且采购清单与发放清单数量应当核对一致。根据实际情况也可自行采用其他格式或手工填写，但各项清单要素与采购、验收、发放、领用人签字应当齐全。

餐费：应当取得发票及用餐清单，按日列明用餐情况，包括用餐对象（某抢修现场或抢修队伍），用餐人数、人均标准、用餐天数等信息。

住宿费：应当取得住宿费发票及住宿情况明细清单，清单应当包括人数、天数、住宿房间数量、人均标准、住宿人员负责的抢修现场等相关信息。

临时用工费用：外部抢修单位聘用的临时用工全部纳入安装费结算，本单位聘用临时用工人员支付工资应当取得正规发票（可税务局办理代开），提供用工说明，用工事项、人数、用工时长、收费标准。收费标准应当与市场临时用工收费水平一致，特殊情况需履行审批流程。

运输费：抢险救灾工作中发生的物资运输费用应当取得正规运输发票与运输清单，清单中应当注明日期、运输物资、重量、运输起始地点、运输到达地点与接收人签字。

三、后勤保障物资归口管理流程

后勤保障物资采购分别由综合服务中心与党群工作部（工会）归口管理，党群工作部（工会）负责慰问物资的采购、发放，综合服务中心负责抢修后勤供应物资的采购、发放，抢修工作中如遇特殊情况各抢修场地需自行购置发放物资，可向归口部门负责人进行电话审批，在报销时由归口部门负责人签字确认后办理报销手续。

餐费、住宿费、运输费由综合服务中心归口管理，抢修工作中如遇特殊情况需自行安排就餐与住宿，可向归口部门负责人进行电话审批，在报销时由归口部门负责人签字确认后办理报销手续。

临时用工费用由人力资源部门归口管理，抢险救灾过程中需要聘用临时用工的，经抢修指挥中心负责人审批同意后（特殊情况可电话审批，事后补办审批手续）聘用，人资部负责审核临时用工标准的合理性，如超出市场平均水平20%以上，需进行情况说明经抢修指挥中心负责人签字审批同意后方可报销。

第四节　应急资金保障

一、基本原则

在重大灾害预警准备、灾害发生、抢险救灾、后续处置过程

中，各单位、各部门应树立全员、全过程价值管理理念，有序开展各项工作，坚持以下基本原则。

坚持特事特办，全力做好资金保障的原则。坚持财务服务于业务的原则，特殊事项特殊处理，严格按照抢险救灾财务应急预案做好资金筹措、预算调整、费用报销等工作，确保抢险救灾工作有序开展。

坚持应赔尽赔，切实降低资产损失的原则。牢固树立风险管理、资金时间价值理念，迅速响应风险预警，及时提示保险公司，财务、运检及其他业务部门协同做好资产损失统计、现场取证等工作，确保资产损失应赔尽赔。

坚持依法合规，确保风险可控在控的原则。各单位运检、物资、后勤、财务、审计应按照本预案规定，加强抢险施工、物料、后勤管理、监督，及时、安全、完整地取得、保管、传递各类资料，确保原始凭证合法合规，有效防范经营风险。

二、财务应急保障工作机制

1. 建立联络人机制

为保障抢险救灾工作有序、高效的开展，确保重大灾害发生后可立即启动财务应急预案，各单位（部门）应建立常态联络和沟通机制，并形成联络通讯录，下发各部门、各成员。

财务资产部作为抢险救灾支出、财产保险理赔的归口管理部门，应指定一人员作为财务应急保障总联络人（应急管理员），负责协调重大灾害财务应急保障工作；财务资产部各专职人员，作为财务应急保障具体联络人，负责联络各对口专业部门。

运维检修部、建设部、营销部、物资供应中心、安全监察部、信通分公司、党群工作部（工会）、人力资源部、发展策划部、综合服务中心、审计部、资产使用部门和工程建设管理部门（单位）作为抢险救灾的主要部门及财产保险的配合部门，应根据实际情况确定一人为财务应急保障工作的部门联络人。

各县供电企业财务部门也应指定一名联络员，负责本地区的财务应急保障联络工作，并协调做好本单位各财务专职、各专业部门的应急保障联络工作。

以上联络员均应填写重大灾害财务应急保障联络员信息表，并上报省公司财务资产部备案登记，财务资产部汇总后下发各部门（单位）。因工作需要对联络人做出调整，应及时通知财务资产部联络人，确保重大灾害财务应急预案启动后，人员信息沟通的顺畅、有序。

2. 成立现场技经财务组

重大灾害应急预案启动后，成立应急指挥部的同时，成立现场技经财务组，与电网恢复专业组、应急抢险指挥专业组、物资和后勤保障专业组、信息发布与宣传报道专业组等共同现场办公，全面做好财务保障工作。

技经财务组总负责人由省公司总会计师担任，现场负责人由财务部主任（或副主任）担任，组员主要由建设部（1名技经人员）、运维检修部（1名技经人员）、物资供应中心（1名物资统计员）、审计部（1名工程审价人员）、财务部（资产专职、物资专职等相关岗位）组成。现场技经财务组所有成员，在重大灾害应急预案启动应立即移接日常工作，全面投入救灾现场协调工作，各部门领导要给予支持。

技经财务组的主要工作职责：

（1）参加应急指挥部、应急办公室组织的各类会议，及时传达应急指挥部、应急办公室的各项重要指示，并将重要的指示和要求及时传递给技经财务组总负责人。现场负责人每天向总会计师汇报工作情况。

（2）全面做好现场应急指挥部、应急办公室、电网恢复专业组、应急抢险指挥专业组、物资和后勤保障专业组、信息发布与宣传报道专业组等的财务保障服务工作。及时将各部室的财务需求传递到财务部，通知财务部做好资金筹措、预算调整、费用报销等工作，保障抢险救灾工作顺利开展。

（3）及时将财务部、审计部的相关数据统计、结算资料收集等工作要求，通过应急指挥部各类会议传递到各专业组和外协单位等。

（4）建立总结例会机制，每日总结当天的抢险工作，及时解决应急抢险抢修工作中的财务相关问题，并布置好下一阶段的工作。总结例会由现场负责人组织召开，指定专人每天编写例会简报，以书面报告形式报送总会计师（技经财务组总负责人）及相关公司领导。

3. 建立外协单位定人、定点联络机制

各外协单位确定一名技经人员与技经财务组对口联系，主要负责物资领料和退料、提供工程结算资料等，原则上统一现场办公。

技经财务组应定期组织外协单位技经人员召开协调会议，重大事项及时传达工作要求。

三、应急资金保障具体工作

1. 预警准备阶段

各单位运检部门接到上级单位或气象部门的灾害预警信息后，滚动发布预警通知，并用短信通知本单位财务部门应急管理员。

各单位安监部组织启动应急指挥中心，确保省、地、县三级视频系统正常，组织相关单位开启应急指挥中心外网专业气象服务、输变电设备状态监测、电网 SCADA 等应用系统。

各单位财务部门应急管理员接到短信通知后应立即查看预警通知，并于当日向本单位财务负责人、上级单位应急管理员汇报有关情况。其中，灾害预警级别为Ⅲ级及以上的（具体以应急指挥中心发布为标准），财务负责人应于当日向总会计师或分管财务工作的负责人汇报。

财务应急保障总联络人根据公司应急指挥中心、总会计师或分管财务工作负责人的指示，立即启动财务应急保障机制，成立技经财务工作小组，并电话通知各联络人做好财务应急保障准备工作。

各单位财务部门应指定专人负责保险理赔工作，负责联系保险承保公司，动态发布灾害风险提示。

各单位财务部门应根据抢险救灾工作的需要，及时筹措应急资金，并保证足额到位。同时配合发策部、物资供应中心等相关部门做好项目立项、物资采购的准备工作。

2. 灾害发生阶段

在灾害发生阶段，各单位财务、运检、生产工区应各司其职，协同做好受损资产统计、现场损失记录、出险报案等工作。

（1）上报受损资产。

各单位基层生产部门负责统计受损资产，填写损失统计表，按资产管理职责，分部门上报；并在第一时间报告本单位运检、财务部门，上报财务部门时应对报修费用进行估算。

（2）出险报案。

各单位运检部门接到基层生产部门汇报后，登记出险报案记录表，将记录表在报案当天递交给本单位财务部门，并收集当地新闻媒体有关报道作为证明材料备用。

（3）受损资产取证。

各单位基层生产部门应于抢险救灾开始前对受损资产进行拍照或摄像，留下证据，填制现场损失记录单，在一周内将现场损失记录单及影像资料提交给本单位财务部门。

（4）受损资产统计发布。

各单位财务部门在受灾期间应汇总统计资产受损情况，填写资产损失统计表，定期向本单位各部门、省公司财务资产部、保险承保公司发布资产受损简报。

3. 抢险救灾阶段

在抢险救灾阶段，各单位财务、运检、物资、后勤、施工单位等部门应协同做好物料入库、领用、退库、废旧物资回收等原始单据的记录、保管，为后续费用结算、账务处理提供真实、合法的原始凭证。

（1）应急抢修物资领用。

无论受灾单位或是施工（援助）单位，对于抢修发生的各类物资消耗，都应设立专人做好明细记录，填写应急抢修物资申领单，注明领用单位、领用人和联系方式等信息。援助单位（外协单位）如有自带材料，需要交由物资部门登记，使用填写应急抢修物资申领单，明确用于具体的抢修项目。负责对口的财务专职应密切关注应急抢修物资领用情况，并要求物资供应中心联络人及时上报当日应急抢修物资申领单以及应急抢修物资领用汇总表。

（2）应急抢修物资退料。

抢修过程中对已领未耗物资、设备要及时做好退库工作。在退料环节，受灾单位、施工单位要按照“从哪里领来、退到哪里去”的原则，严格区分受灾单位物资仓库现场领用和抢修队自带两种情况，分别填写应急抢修物资退料单，援助单位自带材料需自行带走需经物资部门登记审核。负责对口的财务专职应密切关注应急抢修物资退用情况，并要求物资供应中心联络人及时上报当日应急抢修物资退料单以及应急抢修物资退料汇总表。

（3）废旧物资回收。

受灾单位要组织施工单位加强废旧物资、拆除物资的回收、堆放、保管，事后统一进行处置，防止国有资产流失。废旧物资回收时，各单位要结合实际情况，按照重要性原则，对可利用的变压器、导线、电缆、开关柜等物资要加强回收力度，并填写废旧物资回收单。

（4）资料移交。

抢险救灾结束后，施工（援助）单位应在撤离前将有关资料移交给受灾单位，并由受灾单位运检、物资、财务、审计四方签字确认。具体资料内容及样式如下：

1）线路单线结构图。

2）抢修工程量清单。

3）应急物资使用清册。

4）线路设备运行状态移交表。

施工（援助）单位与受灾单位办理交接手续时，受灾单位物资供应中心负责对应急抢修物资申领单、应急物资使用清册、应急抢修物资退料单进行核对，核对无误并签字确认后提交运检部门办理交接。审计部应指定专人负责监督。交接单的格式由运检部门制定，但至少应注明线路单线结构图、抢修工程量清单、应急物资使用清册、线路设备运行状态移交表、应急抢修物资申领单、应急抢修物资退料单、废旧物资回收单。

施工（援助）单位和受灾单位办理移交手续后，受灾单位运检、物资应妥善保管有关资料。其中，应急抢修物资申领单、应急物资使用清册、应急抢修物资退料单、废旧物资回收单原件应提交财务部门，财务部门作为账务处理的原始凭证。

施工（援助）单位应将有关资料复印留存，以备后续结算所用。

4. 后期处置阶段

（1）保险索赔。

在后期处置阶段，各单位财务、各实物归口管理部门、资产

使用部门应协同做好出险通知书填报、现场查勘定损、预付赔款申请、索赔资料准备及提交、协商赔付协议、收取保险赔款等索赔工作。

（2）填报出险通知书。

保险事故报案后，财务资产部组织填制出险通知书，提交给保险承保公司。

（3）现场查勘定损。

1）财务部门组织相关部门及保险承保公司等单位，明确灾情现场查勘计划及下一步赔付事宜。

2）各实物归口管理部门、资产使用部门配合保险承保公司、公估公司进行现场查勘。在查勘完毕后，又有损失事故发生的，应及时通知保险承保公司进行补充查勘。

3）现场查勘结束时，各实物归口管理部门组织进行现场查勘记录（由保险承保公司出具）与现场损失记录单的核对，无异议后签字确认，在两个工作日内提交给财务部门。

（4）申请预付赔款。

财务部门根据受损程度向保险承保公司申请预付赔款。组织收集申请预付赔款的相关资料，提交保险承保公司。

（5）准备索赔资料及提交。

财务部门组织各实物归口管理部门、基层生产部门等，收集、整理索赔资料。资料齐全后由财务部门提交给保险承保公司，双方在保险事故索赔资料移交清单上签字确认。

（6）协商赔付协议。

财务部门负责督促保险承保公司及时出具理赔意见，并会同相关部门进行审核，若对理赔意见存在异议，应与保险承保公司进行沟通谈判。审核通过后，财务部门与保险承保公司签订赔付协议，明确赔付金额。

（7）收取保险赔款。

财务部门向保险承保公司提供收款账号，收取保险赔款并进行财务账务处理。

（8）费用结算。

费用结算的总体要求：后续处置阶段，受灾单位应及时与施工单位做好费用结算工作，费用结算遵循“费用随资产走”的原则，即以资产产权所属单位为费用归集中心，因灾害造成的损失费用以及实施抢修过程中发生的各类费用，原则上统一纳入受灾单位进行成本费用归集，各施工（援助）单位自行采购（即乙供）及其他发生的费用，与受灾单位协商进行结算。

（9）账务处理。

费用结算后，财务部门应按照有关规定的时间内进行账务处理。属于抢险救灾阶段发生的费用报销，可以直接通过非集成平台处理，抢险救灾以后发生的费用报销，必须通过电子报账系统按照规定的报销流程办理。

第八章

舆情处置与媒体沟通

第一节 电网企业舆情处置

一、舆情处置的基本知识

1. 舆情处置的概念

舆情处置是指对于网络事件引发的舆论危机，通过利用一些舆情监测手段，分析舆情发展态势，加强与网络的沟通，以面对面的方式和媒体的语言风格，确保新闻和信息的权威性和一致性，最大限度地压缩小道消息、虚假信息，变被动为主动，先入为主，确保更准、更快、更好地引导舆情的一种危机处理方法。

2. 舆情处置背景

现代社会，任何企业和单位的工作都离不开互联网，网络已经融入到了我们生活的各个角落。2011年中国互联网产业年会报告显示，我国网民数量已经超过5亿，其中手机网民数达到3.4亿，在总体网民中的比例达到65.5%。如此庞大的网民数量，促使互联网应用空前的繁荣。而信息传播的便捷性和网民观点意见的交互性使网络舆情发酵更为容易，影响更为深远。因此，积极的网络舆情处置成为政府、企业和个人不可避免的选择。

3. 舆情处置方法

（1）重视互联网。互联网把人类带入一个多维的信息化、网络化时代，网络舆论成为民意的“晴雨表”。把握网络的发展趋势，认识网络的深刻影响，正视网络的严峻挑战，把网络作为日益强势的新兴媒体来对待，把关注网络舆情当作一种工作常态来坚持，把引导网络舆情作为一种能力来锻炼，高度重视网络建设，主动掌握网络技术充分利用网络资源，大力发挥网络作用，切实把互联网建设好利用好、管理好。

（2）尽量在第一时间发布新闻，赢得话语权。先入为主，掌握主导权。危机管理实质上是危机沟通管理。真实透明的信息、开放式的报道、人本化的沟通，不仅不会引发恐慌，给政府添乱，而且会促进网络民间力量与政府力量良性互动，产生积极效应。

（3）在网络舆情中勇于“抢旗帜”。在舆情频发的今天，要高扬社会公正司法公正、以人为本和谐社会的旗帜，积极排查和解决社会各种不和谐、不稳定因素，维护人民群众的切身利益，不要因为种种顾忌，把这样的旗帜送给网上意见领袖，而让广大网民对政府失望。

（4）在舆情应对中充分发挥主场优势，企业掌握的信息远比网民个人所了解的信息全，要充分发挥媒体优势，不失语、不妄语，发挥信息优势，学会有节奏地抛出系统化的专业信息，利用企业与民间的信息不对称，有力地引导舆论。

（5）建立电网企业网络舆情预判预警机制。这一机制包括网络舆情信息收集机制，网络舆情信息分析机制，网络舆情发展方向的预测机制和网络舆情发展的干预机制。通过建立预判预警机制，企业可以有计划、有目的地对网络舆情进行干预。如在收集和分析舆情信息时发现了负面信息，则可以通过报道正面消息冲

淡负面信息的影响。

（6）建立电网企业网络舆情危机处理机制。公共危机事件的发生实际上是社会系统由有序向无序发展，最终爆发突发性危机事件的过程。因此，设立综合性决策协调机构和常设的办事机构，加强与政府部门间的协调以提高处置重大突发事件的能力。

4. 新媒体时代舆情危机处置的基本问题

（1）战略性问题：

编码问题：我说的别人能听懂吗？

透明问题：我是否有被人围观的勇气？

道德问题：我是否站在了道德高地上？

态度问题：我敢于认错吗？我足够强大吗？

修辞问题：我如何表达才能更加感动人？

（2）战术性问题：

说什么？

在哪说？

何时说？

谁来说？

对谁说？

怎么说？

二、电网企业舆情简析

电网企业经营覆盖整个终端用户市场，业务领域、经营范围广泛，关系国计民生，与多重利益主体存在关联。在新媒体环境下，原来的局部事件扩大化、极化、扭曲化，事件的影响往往从局部放到全局，对企业整体形象和品牌带来严重损害。

目前，电网企业已高度重视舆情的监测和管理，尤其在社会责任方面积极创新，展现“责任央企”形象，但由于在舆情危机处理方面缺乏体系化的思路、方法和有效措施，各类负面报道仍然频繁出现，严重影响了电网的发展和电网企业的改革创新。如何构建新媒体环境下的有效舆情管理机制，研究提出应对方法和措施，加快改善电网企业对外形象，已成为目前亟待解决的问题。

1. 电网企业舆情特点

当今是信息爆炸时代，报刊、电台、电视、互联网、手机等已成为信息传播的重要途径，从目前来看，涉电舆情主要来源于报刊媒体、电视、电台媒体及网络、帖吧、微博、QQ群等网络媒体，尤其是网络媒体比传统媒体更具有无可比拟的优势。

涉电舆情主要有以下特点：

（1）传播的快捷性。现在的信息传播都是通过光纤和无线网络，人们通过电脑、手机等进行信息发布，使得一个事情在几秒钟的时间内快速传播出去。

（2）事件的突发性。由于我国十分重视舆论监督，加上各类媒体竞争激烈，网络媒体的开放性，使得一些涉电舆情成为关注的焦点。由于借助网络平台传播信息简单、直接且身份隐蔽，一些人对一些涉电事情动不动就向网上发帖或通知相关新闻媒体以引起社会关注，使得舆情形成非常迅速，事先没有征兆，让人始料不及。

（3）利益的关联性。大多数涉电舆情都与公民的利益相关，公民的合法权益和合理诉求遭到忽视损害时，就借助媒体来表达反映。

（4）整体的联动性。只要事件已发生，各类媒体竞相报道，网民也迅速跟帖，发表评论，使得各方言论铺天盖地，形成一种舆情风暴。

（5）观点的多样性。由于人们的利益诉求、思想观念、价值取向、道德标准的差异，使得人们对事件的看法千差万别、众说

纷纭。

（6）影响的破坏性。特别是一些心存恶意的，制造虚假信息炒作，让民众真假难辨，不明真相，这些涉电舆情往往让民众对供电企业的公信力产生质疑，思想情绪化，引发民众与供电企业、供电管理人员在观点甚至行动上的冲突，造成很大的破坏性，影响供用电关系。

（7）处置的紧迫性。舆情如火情、汛情。涉电舆情已发生，作为供电企业必须迅速做出正确研判，在第一时间进行出面处理，不得消极怠慢，以防止事态扩大，减少损失，消除社会影响。

由于电网企业的自然垄断属性和媒体的快速发展，电网企业舆情呈现以下特征：一是转型过程中的电网企业属于“敏感体”，极容易成为攻击焦点；二是正面新闻被较少关注，负面新闻跟风严重；三是电网企业与公众缺乏相互沟通和理解，容易造成误解，垄断、薪酬福利、电价、社会责任等是电网企业舆情的重要内容。

2. 电网企业舆情分类

按照舆情触发的载体可以分为：传统媒体风险、新媒体风险（网络为主）。新媒体风险发生的概率和破坏程度要远远高于传统媒体风险，对其实施监测、管控的难度要远远大于传统媒体风险。

按照危机事件促发的不良舆情影响范围可以将舆情划分为局部、区域和全局性危机，按照其发展的趋势可以分为萌芽、发展、失控三个阶段，按照其影响程度可以划分为高、中、低三个层次。电网企业业务流程自身风险点促发的不良舆情，由于发生频率较高、处理经验相对丰富，可以称为常态舆情事件；由于突发事件、外部环境变化导致的不良舆情，处理应对的经验少、危害程度大，可以归结为猝发舆情事件。常态风险从一线开始建立管控、预测、监测、应对的体系；猝发风险重点在于建立技术监测、分层防御的机制。

3. 电网企业舆情关联主体分析

（1）舆情主角——公众。公众作为事件的经历者，也是舆论的制造者、传播者，还是舆论的深厚的群众基础。在没有经过权威部门权威认证的情况下，这种人群的集合有一些自身的特点：宁可信其有，不可信其无，这是群体面对谣言等情况下的主动趋利避害的选择。我国几乎人人都用电，所以说受众广泛，电网就极其容易成为关注点、评论点，再加上电网企业本身的国企身份和垄断地位也容易引起公众对于不平等地位的不满而引发舆情危机，企业在处理危机过程中要与公众定位为平等角色，不能表现出高人一等的态度，否则会引起公众态度反弹。

（2）舆情引导者——媒体。媒体对于公众的影响从根本上来说是一种大众传播，媒体对于引导企业舆情有重要作用，企业必须及时地与媒体沟通，利用媒体的平台和公信力为自己的危机公关。企业要了解媒体，并认清企业与媒体关系，要摸清媒体报道的热点，真诚对待记者，组建公关部门或设立新闻发言人。

如今是新媒体时代，随着数字技术、网络技术以及现代通信技术等传播新技术的飞速进步，产生了形形色色的新媒体形式，其中，尤其以网络媒体最能代表新媒体环境的特征。新媒体塑造了全新的信息传播环境，改变了原有舆论引导的格局和本质性需求，偏离事实真相、激发群众反对政府、破坏政府公信力的观点，容易被大肆传播，对不明真相的群众带来严重误导。如网上揭露了电网企业某特例的待遇不到位，引起了对整个电网福利问题的声讨，以偏概全，对电网形象造成重大损失。企业应对媒体话题具有敏感性，随时监督，及早发现和快速应对，尽量将危机

扼杀在萌芽时期。

（3）舆情组织者——意见领袖。在群体中存在一些人，他们的观点对于影响群体的行为有着十分重要的作用，这些人就是指在人际传播网络中经常为他人提供信息的，同时对他人施加影响的活跃分子，他们在大众传播的过程中起着中介或过滤的作用，对大众传播效果产生了重要影响。这些意见领袖既是企业危机舆情的来源，也是舆情扩展的重要渠道。在媒体缺位的时期，意见领袖的表达似乎成了救命稻草，即使只是谣言，只要这一谣言贴近公众的情感和思维，那么这种舆论就会迅速地被传播出去。公众选择意见领袖更多的是根据其所掌握的信息的多少和信息的可信程度，很大程度上还包含情感的共通性。企业要重视意见领袖和把关人的作用，平时应和意见领袖保持良好的沟通，对他们的想法进行了解，将他们对企业的误解及早消除，避免发生不必要的舆情危机。

（4）舆情新势力——公民新闻。公民新闻就是非媒体的从业人员，普通公民根据自己掌握的新闻线索，进行新闻报道的行为。微信的兴起为公民新闻提供了更大的平台，集众人的智慧与资源于一体的微信平台使得任何企业的危机事件都无处遁形。微信降低了发表言论的门槛，因此其中混杂着许多的不真实、过激性的言论，如何防范其中的风险，也是企业需要学习的，现在进行网络监测已经成为不得不做的事情。

三、电网企业舆情管理措施

应对如今复杂的舆论环境，电网企业要健全舆情风险管理的机制，完善危机公关组织。在意识水平、危机引导策略库、危机管理决策支持系统、舆情事件处置和信息公开机制等方面，还需下大力气开展专项建设工作，在人才培养、队伍建设方面实现突破，还需要不断借鉴其他优秀同类企业应对和管理舆情危机的经验，持续提升管控舆情危机的能力。

1. 建立健全舆情危机管理组织机构

企业要做好舆情管理和危机公关，首先要有专门的组织机制，并从各部门获得最大支援。一是成立舆情控制组织机构，建立新闻发布机制和组织指挥体系；二是明确组织机构的专业分工，设立新闻发言人和谈判专家；三是构建立体化宣传网络；四是建立互联网信息安全管理机制，把舆论引导与舆论监管相结合，用正面声音挤压有害信息传播空间，及时删除各种歪曲事实、煽动激化矛盾的有害信息。

2. 健全舆情危机管理程序

健全的组织机构是舆情管理的基础，在此基础上建立舆情危机处理的程序，使危机处理体系化，当危机发生时处理及时、迅速、正确，不再手忙脚乱。

第一，健全舆情危机预警机制。企业要对媒体的传播内容进行实时监测，及时发现问题。新媒体的传播特点决定了企业舆情危机的不可预测性，企业不可能知道由新媒体传播所引发的危机在何时、何地、以何种形式、何种规模发生，所以必须在专门人员的指导下，于危机来临前就建立和健全企业新媒体舆情危机传播预警机制。

预警机制设计是对可能引起危机的各种要素及其所呈现出来的危机信号和危机征兆随时进行严密的动态监控，对其发展趋势、可能发生的危机类型及其危害程度做出科学合理的评估，并用危机警度向有关部门发出危机警报的一套运行体系。它主要由监测子系统、汇集子系统、分析子系统、警报子系统、预控子系统等五个子系统构成。企业要建立健全网络舆情预警机制，对舆情进行实时监测，并收集分析信息，识别判断舆情危机发生的可能性。

第二，健全舆情危机应对机制。虽然舆情危机处理在萌芽时期是最好的，但并不是所有的危机都可以预警的，危机具有不可预见性和不确定性，试图每一次都实现危机预警是非常困难的，所以企业要做好应对突发危机的准备。

企业处理危机要遵守以下几个原则：

（1）讲述实情原则：这是一种坦诚的对待问题的表现，也是制止谣言恢复事情本来真相的根本性途径，也是为企业能够赢得公众信任与好感的首要原则。

（2）讲求速度原则：在危机发生的第一时间，企业的危机处理机制就开始运行。

（3）多方合作原则：企业以往相对独立的部门都要为此次危机提供技术、数据、市场、人员支持，也包含与企业外部环境的合作，比如经销商和投资人。

（4）依靠权威原则：需要专业的中立、客观的机构为企业提供真相护航，这既是帮助企业进行危机检测，也是起到危机处理的作用。

（5）科学处理原则：遵循科学的危机处理方式，遵循一定的程序，这样才不会忙中出错，越做越错。

企业舆情危机处理既要处理好企业与利益相关者的关系，也能够按部就班地进行，在危机处理各阶段都要做好内部和外部公关，并选择合适的舆情引导方式。

（1）舆情危机爆发期。危机爆发后，企业要组织危机处理人员，对危机进行评估，初步了解危机爆发的原因，并在企业内部统一口径，要承认自己的错误，及时与政府相关部门、投资商和债权人、经销商、原料商等取得联系，说明情况以获得谅解等。同时，要以最短的时间进行媒体疏通，公布联系方式，在网络平台上与公众进行交流，抓住负面信息的信息源。

（2）舆情危机处理期。保持高度警惕，防止危机进一步扩大，对危机原因有进一步的了解，危机各方要拿出解决方案，及时通报危机处理情况。对受危机影响的公众要及时联系，拿出赔偿方案，对合作商要有风险共担的责任感，要接受政府检查，并尽快公布检查结果。用专业的、科学的方式解决企业危机的具体情况，承认自己应承担的错误，得到公众的理解，将危机处理行为及时向媒体通报。

（3）舆情危机痊愈期。总结危机处理的经验和教训，并对危机处理各部分进行奖惩，与政府部门讨论危机情况，建立定期检查机制。对危机中的外部主体进行评价，决定合作深度，净化外部环境。通过媒体的各种形式公布危机的处理结果，防止企业一直处在危机的阴影中，也是一次负面影响的正面报道。

四、基层电网企业的舆情管理工作建议

供电企业应正确认识涉电舆情，完善处理机制，加强宣传和引导，提高应对能力，消除舆情危机对供电企业的影响，维护供电企业的形象和用电客户权益。

（1）切实提高对涉电舆情的认识。

舆情不是“敌情”，而是民意的表达，供电企业要把涉电舆情看成是公民维护自身权益的需求，是对供电企业依法管理等方面的有效监督和鞭策。要有一种如履薄冰的危机意识，高度重视涉电舆情工作，做到理性看待、正确面对、认真处置，切不能高高在上、高高挂起。

（2）建立健全应对涉电舆情的管理机制。

第一，建立涉电舆情的监控预警机制。要建立分级预警、上下联动的监控预警机制。各单位要安排专人对各类报刊媒体、网络媒体以及有关网站、博客、论坛等进行实时监控，及时搜集是否有针对本单位的涉电舆情，以及掌握当前各类媒体对供电生产

经营工作的报道和其他地方发生的涉电舆情的情况，准确分析判断涉电舆情的焦点和热点问题，向单位领导及时提出应对措施和提供防范决策参考。同时结合本地实际，根据涉电舆情发生的概率和影响程度，分等级进行预警。供电企业应上下联动，加强涉电舆情信息采集和分析，建立舆情报送制度，及时发布舆情动态，使大家增强舆情危机防控意识，掌握舆情苗头，更好地指导舆情应对处理。

第二，制订涉电舆情处置预案。各单位要针对不同的涉电舆情的特点，应事先研究和制订处置预案，从组织领导、人员安排、职责分工、物资保证、处理程序和方法、处理应达到的目的等方面进行详细、周密安排。做到发生涉电舆情后，能迅速按照处置预案进行有条不紊地处理。

第三，建立涉电舆情快速应对机制。对出现涉电舆情，事发地供电企业的涉电舆情领导小组应在第一时间内启动工作，组织人员认真核查舆情所反映的问题，对查证不实的虚假舆情要及时澄清事实。对查证属实的重大涉电舆情，是因供电企业及供电管理人员等方面原因造成的，企业要积极进行补救处理，一是要认真做好当事人的引导安抚工作，对当事人反映的问题，所处困境要有发自内心的理解和同情，及时解决存在的问题，满足其合法合理的要求，避免矛盾冲突升级。二是要对涉电舆情事件的供电管理人员火速调查，及时从严追责到位，决不护短，姑息迁就。三是要主动与该媒体和网站沟通联系，争取媒体的理解与支持，及时表明态度，发布有关舆情处理情况，敢于承担有关过错和责任，从正面实施舆论引导，消除公民的质疑，逐步化解舆情危机。对内部舆情，要做好疏导解释工作，消除领导与干部、干部与员工之间的误解。

第四，建立有关资料证据的搜集制度。供电企业在生产经营管理过程中，要加强对有关涉电资料的搜集，特别是对与用电客户发生的矛盾冲突，涉事人员应注重对当时事发全过程的录音、录像等视频资料，有关证人证言、物证等证据的搜集。当涉电舆情出现时，企业可在第一时间公布真实情况，影响受众对事件的认知，帮助自己占据主动地位。

第五，建立信访接待制度。要设立信访接待室，安排专人负责接待群众的来信来访，实行公司领导值班制，及时解答群众的利益诉求，把一些涉电舆情危机化解在萌芽状态。

（3）积极推进政务公开和注重媒体的引导作用。

供电企业要加大公开力度，创新公开方式，丰富公开载体，及时将有关供电政策、收费依据和标准、办电程序、工作职责、优化服务措施等有关信息以及涉及社会公众和用电客户的电费核定、缴费情况、处罚情况信息进行公开，充分尊重和维护公众对供电生产经营工作的知情权和参与权。同时要加强同广播、电视、报刊、网络等新闻媒体的联系与沟通，利用媒体舆论优势，加强对供电企业在推进政务公开、优化服务、落实有关优惠政策的措施以及先进典型人和事进行宣传，增强公众对供电企业的信任度，以减少涉电舆情。

（4）规范管理行为，提升服务效能。

涉电舆情的发生，供电企业要在自身上多找主观原因，要善于总结反思，敢于自我剖析，寻找差距，落实整改措施和明确以后工作努力的方向。要在加强自身建设上下功夫，切实增强“公仆、风险、法制、监督和人本”五种意识，不断提高供电管理人员的素质，严格依法管理，规范管理行为，改进工作作风，优化供电服务，提升服务效能，维护公众的合法权益，从根本上减少涉电舆情的发生。

第二节 电网企业与新闻媒体沟通

一、知己知彼、认识媒体

1. 媒体的定义

媒体（media）一词来源于拉丁语“Medius”，音译为媒介，意为两者之间。媒体是指传播信息的媒介。它是指人借助用来传递信息与获取信息的工具、渠道、载体、中介物或技术手段。也可以把媒体看作为实现信息从信息源传递到受信者的一切技术手段。媒体有两层含义，一是承载信息的物体；二是指储存、呈现、处理、传递信息的实体。

2. 媒体的类别

媒体的类别有：电视；广播；报纸；周刊（杂志）；互联网；手机；直邮等。其中，电视、广播、报纸、周刊（杂志）被称为传统的四大媒体。此外，还应有户外媒体，如路牌灯箱的广告位等。

随着科学技术的发展，逐渐衍生出新的媒体，例如：IPTV、电子杂志等，他们在传统媒体的基础上发展起来，但与传统媒体又有着质的区别。

3. 媒体的功能

媒体主要有以下七项功能：

（1）监测社会环境。

（2）协调社会关系。

（3）传承文化。

（4）提供娱乐。

（5）教育市民大众。

（6）传递信息。

（7）引导群众价值观。

二、知己知彼、认识记者

记者是一种职业，也是一种行业，主要从事新闻记录、新闻报道等。职业特点是行动快、好奇、怀疑精神。记者采访形式既有常规的，又有偷拍暗访。

记者是反映时代、记录历史的人，是大众和社会的“教师”，是社会活动的活跃分子和专门家，是信息传递者。记者耳聪目明，机警灵活，对信息相当敏感，随时搜求最新变动的事实。记者是一个忠实地记录历史，忠实地为社会进步呐喊的崇高职业。当记者关注社会不公平现象，把假丑恶暴露在光天化日之下，是一种社会责任！当记者关注改革发展中的各种重大问题，积极探寻解决良策，有效地推动社会进步，是一种社会责任！尽最大努力把读者最想知道的事情在很短的时间内奉献给读者，把真正能引起读者关注的人和事以最受读者欢迎的方式表达出来，也是一种社会责任！“以科学的理论武装人，以正确的舆论引导人，以高尚的精神塑造人，以优秀的作品鼓舞人”，更是一种社会责任。

但是，也有少部分记者职业道德沦丧，有的不注重个人隐私，有的偏离主题，有的肆意篡改，有的扭曲事实，有的收受钱财做粉饰工作，有的夸大其词，有的形象丑陋，不尊重对方，有的偏离职业操守，以新闻工作者之名号赚取或者骗取钱财，做新闻炒作者。出于种种原因，漠视新闻报道的真实性原则，尤其娱乐记者受利益驱动，一味追求轰动、刺激、煽情的效果，屡屡在报道中无中生有、夸大其词，造成恶劣的影响。

三、营造透明“玻璃屋”

一是要与媒体合作。危机期间要配合记者采访，“堵住”媒体是下策，笑脸相迎是更好的管理。引导媒体正确报道，预防歪曲和误解的发生。很多企业，他们对媒体的抱怨，往往是，没有正确反映企业，曲解了企业的很多政策。那么好了，有机会，可以直接面对观众谈自己的看法，唯一的障碍是表达能力。不要惧怕媒体对企业的评价，要积极地去引导媒体的言论。媒体需要素材，那么企业就给予正确正面的素材，否则在需要达不到满足的时候，就很容易出现事实的歪曲。

二是要选择合适的新闻发言人。在现在这种媒体高度发达的形势下，企业过去的宣传模式、宣传策略显然已不能适应形势发展的需要，需要一个更为有效的应对手段和系统。经验和教训告诉我们，新闻发言人机制是避免媒体炒作，消除谣言，引导舆论，树立企业形象的一个非常有效的手段。

新闻发布机制有如下的几大优点：

（1）可以为媒体报道定调，防止不必要的猜测甚至谣言。

（2）确保新闻和信息的权威性和一致性。

（3）以面对面的方式，对待公众和传媒，更易建立公信力。

（4）在一个集中的时间内向媒体说明情况，可以缓解新闻媒体和公众询问的压力。

（5）由新闻发言人第一时间出来说话，可避免把企业负责人首先直接推到前台，保留更大的回旋余地。

因此，超越众声喧哗，选择合适的新闻发言人显得尤为重要。要记住，企业新闻发言人不可能改变已经突然发生的事实，但是可以通过与媒体卓有成效的沟通，改变媒体和公众对已经发生事实的看法。

四、突发事件媒体沟通原则

（1）先发制人原则。即在危机出现后第一时间做出反应，以引导舆论走向，避免出现大量谣言。危机发生后将形成短暂的“信息真空”，大家都在等待有关消息，这时候如出现谣言，将会以最快速度广泛传播。谁先发出声音，谁就掌握了话语的主动权。有一位资深新闻专家说过：“你不主动，就要被动。你说等事情完了再发布，但那时消息早已传遍全国。你不讲故事，别人就要讲故事。你不讲真故事，别人就可能讲假故事。最后真假难辨。”

（2）公开透明原则。在危机出现后，采取公开透明的媒体应对原则，还原事件真相和过程，最大限度满足公众的知情权，可以消除谣言，为缓解危机或化解危机创造一个良好的舆论环境。

（3）坦诚原则。态度决定一切。危机出现后坦诚的态度是最好的媒体应对策略。要表现诚意，即及时向公众说明情意，必要时致以歉意，以赢得同情和理解。要表现诚恳，即不回避问题和错误，敢于负责任，特别是能正确面对负面报道和谣言。要表现诚实，即不说谎。人们会原谅企业犯错，但不会原谅企业说谎。

（4）统一口径原则。危机发生后，企业内部很容易会陷入信息混乱状态，对外发出混乱无序，互相矛盾的、甚至是对立的声音。这样会让人觉得企业内部混乱，并且容易暴露出企业内部矛盾，同时也会让媒体和公众莫衷一是，引发公众猜疑和不信任，导致一些媒体进行不准确的报道，从而引发新的危机。

（5）不与媒体对抗原则。《财富》杂志主编谢尔曼说：“向媒体宣战，虽然听上去很诱人，但实际上却是一场无法打赢的战争。与媒体对抗只能使你的形象受损。即使打赢了官司，也是一个输家。”往往是赢了官司，丢了市场。

（6）留有余地原则。一是说话留有余地。话不要说得绝对，也不要过度承诺。二是不要让公司负责人充当新闻发言人。

五、媒体（记者）沟通技巧

媒体沟通要注意“五态”，即要把握事态，调整心态，做出

姿态，注意语态，重视仪态。

1. 答问技巧

学会“进可攻，退可守”，牢牢掌握主动权。注意以下几个方面。

（1）直接性。面对正面提出的事实性问题，一定要直奔主题，给出具体答复，越直接明了，获得的报道效果就越好，空话套话过多就会分散记者注意力。对于敏感性问题则应避免直接回答，可以正面阐述己方观点，对问题本身不作过多评论；或者转换话题，将问题引入自己预设的步调。

（2）态度鲜明程度。属于自己权限之外的问题应该诚恳地表示自己不便做出回应，并向记者建议征询其他负责部门的意见。而对于在自身归属范围内的提问，则应该明确地表达态度立场，刻意回避只会增加猜疑和误解。当然，表态时应该谨慎负责。

（3）情感沟通。真诚地运用向记者致谢、询问满意度、寻找共同点、表达关切等情感沟通手段，能有效地拉近距离，化解矛盾。遇到原则问题时，严肃、坚定、义正词严的情感传递也会让记者充分认识到事件的严重性，并给出负责任的报道。

（4）以我为主。面对记者的提问，要准确判断，恰当地运用传播技巧，不仅要大方得体地对媒体和公众关注的问题做出回应，还要“以我为主”，巧妙地把记者的注意力引到自己要强调的“核心议题”上来。

2. 小心防范，避免走入答问误区

面对记者，要时刻保持警惕，防止走入误区。总体而言要防止十一个“不”，即不说谎、不错位、不泄机密、不谈个人意见、不说“无可奉告”、不与争论、不授人以柄、不中计、不生气、不拖沓、不漫谈。

（1）明确角色，不谈己见。回答记者提出的问题都要有确凿的事实依据，根据自己对事态的了解和对企业立场的把握，做出负责任的回答。不宜使用“我个人的看法是”“我们私下可以这样说”等违背职业要求的用语；也不能使用“不成熟的看法”“也许事情是这样的”“据我推测”等说法。要牢记，面对记者，你所说的话，代表的不是个人而是整个公司。

（2）冷静对待，不与争论。在一些情况下，记者出于职业需要会不断追问、发难，还有一些记者由于本身素质有限可能会出言不逊、言辞激烈，如果此时被激怒，与记者发生争论，并在不冷静的情况下回答问题，会带来很多麻烦。因此一定要学会心平气和，处乱不惊，无论怎样的场面，都不能感情用事，只有不卑不亢、刚柔相济的表现才是化解困境的唯一方法。

（3）警惕诱导，防止中计。在事实不甚明了时，记者可能会自行做出某些假设性的陈述，然后向你证实，比如“据我所知，事情是这样的”“有传闻称，……你对这个情况了解吗”等等，这种问题具有很强的诱导性，千万不能简单地回答是与不是，否则就是对记者的假设给出了明确肯定或否定。应该仔细听记者提问中的事实细节，回答时先把自己掌握的实际情况简单扼要地做出说明，然后再澄清和解释记者陈述中的一些问题。

（4）节奏适当，力戒拖沓。回答记者提问时应该力戒拖沓，忌长篇大论。针对提问，把基本态度、具体要点清晰明确地表达出来即可。对于自身把握不大的问题，可以就自己有把握的方面重点阐述就行，并承诺调查清楚后再提供相关资料。

（5）围绕主题，切忌漫谈。回答记者提问时不要节外生枝、自问自答，不自觉地从记者的提问延伸出去，漫谈其他问题，否则可能造成言多必失、喧宾夺主的后果。

第三节 新闻发布会

一、什么是新闻发布会

新闻发布会，社会组织在发生重大具有积极影响的事情时，向新闻界公布信息，借助新闻提升该组织或者与该组织密切相关的东西形象。企业的新闻发布会为企业的新闻发言人提供了一个通过媒体向公众传达信息的机会，也为公众提供了一个通过媒体向企业的新闻发言人提问和获得信息的机会。当前这种新闻发布形式已成为公众比较熟悉的形式之一。

二、新闻发布会的特点

企业举办新闻发布会，体现出企业的高度重视，便于企业和诸多媒体直接双向交流。其特点有三：第一，正规隆重：形式正规，档次较高，地点精心安排，邀请记者、新闻界（媒体）负责人、行业部门主管、各协作单位代表及政府官员；第二，沟通活跃：双向互动，先发布新闻，后请记者提问回答；第三，方式优越：新闻传播面广、报刊、电视、广播、网站，集中发布（时间集中，人员集中，媒体集中），迅速扩散到公众。

三、新闻发布会的准备

1. 标题

新闻发布会一般针对企业意义重大，媒体感兴趣的事件举办。每个新闻发布会都会有一个名字，这个名字会打在关于新闻发布会的一切表现形式上，包括请柬、会议资料、会场布置等。也可把发布会的名字定义为“××信息发布会”或“××媒体沟通会”。

2. 时间

新闻发布的时间通常也是决定新闻何时播出或刊出的时间。因为多数平面媒体刊出新闻的时间是在获得信息的第二天，因此要把发布会的时间尽可能安排在周一、二、三的下午为宜，会议时间保证在1h左右，这样可以相对保证发布会的现场效果和会后见报效果。

发布会应该尽量不选择在上午较早或晚上。部分主办者出于礼貌的考虑，有的希望可以与记者在发布会后共进午餐或晚餐，这并不可取。如果不是历时较长的邀请记者进行体验式的新闻发布会，一般不需要做类似的安排。

在时间选择上还要避开重要的政治事件和社会事件，媒体对这些事件的大篇幅报道任务，会冲淡企业新闻发布会的传播效果。

3. 地点

场地可以选择户外（事件发生的现场，便于摄影记者拍照），也可以选择在室内。根据发布会规模的大小，室内发布会可以直接安排在企业的办公场所。为了体现权威性，还可在人民大会堂等权威场所举行（由于审核程序烦琐，企业可委托专业策划公司全程策划筹办）。

发布方在寻找新闻发布会的场所时，还必须考虑以下的问题：

（1）会议厅容纳人数、主席台的大小、投影设备、电源、布景、胸部麦克风、远程麦克风、相关服务如何、有没有空间的浪费等。

（2）背景布置。主题背景板，内容含主题、会议日期，有的会写上召开城市，颜色、字体注意美观大方，颜色可以企业VI为基准。

（3）酒店外围布置，如酒店外横幅、竖幅、飘空汽球、拱

形门等。酒店是否允许布置。当地市容主管部门是否有规定限制等。

4. 席位

摆放方式：发布会一般是主席台加下面的课桌式摆放。注意确定主席台人员。需摆放席卡，以方便记者记录发言人姓名。摆放原则是“职位高者靠前靠中，自己人靠边靠后”。

很多会议采用主席台只有主持人位和发言席，贵宾坐于下面的第一排的方式。一些非正式、讨论性质的会议是圆桌摆放式。

摆放回字形会议桌的发布会也出现的较多，发言人坐在中间，两侧及对面摆放新闻记者坐席，这样便于沟通。同时也有利于摄影记者拍照。

注意席位的预留，一般在后面会准备一些无桌子的坐席。

5. 道具

最主要的道具是麦克风和音响设备。一些需要做电脑展示的内容还包括投影仪、笔记本电脑、联线、上网连接设备、投影幕布等，相关设备在发布会前要反复调试，保证不出故障。

新闻发布会现场的背景布置和外围布置需要提前安排。一般在大堂、电梯口、转弯处有导引指示欢迎牌，并酌情安排人员做记者引导工作。

新闻发布会背景板主要衬托出会议主题，所以在设计及选材上一定要慎重考虑，新闻发布会主要采用高清晰写真布，这种材料因为无异味，不反光和高清晰的特点，所以对新闻发布会的现场气氛营造和媒体摄像都大有好处。

6. 资料

提供给媒体的资料，一般以广告手提袋或文件袋的形式，整理妥当，按顺序摆放，再在新闻发布会前发放给新闻媒体，顺序依次应为：

（1）会议议程。

（2）新闻通稿。

（3）演讲发言稿。

（4）发言人的背景资料介绍（应包括头衔、主要经历、取得成就等）。

（5）公司宣传册。

（6）产品说明资料（如果是关于新产品的新闻发布的话）。

（7）有关图片。

（8）企业新闻负责人名片（新闻发布后进一步采访、新闻发表后寄达联络）。

7. 发言人

新闻发布会也是公司要员同媒介打交道的一次很好的机会，值得珍惜。代表公司形象的新闻发言人对公众认知会产生重大影响。如其表现不佳，公司形象无疑也会令人不悦。

新闻发言人的条件一般应有以下的几方面：

（1）公司的头面人物之一——新闻发言人应该在公司身居要职，有权代表公司讲话。

（2）良好的外形和表达能力。发言人的知识面要丰富，要有清晰明确的语言表达能力、倾听的能力及反应力、外表包括身体语言整洁、大方得体。

（3）执行原定计划并加以灵活调整的能力。

（4）有现场调控能力，可以充分控制和调动发布会现场的气氛。

8. 提问

在新闻发布会上，通常在发言人进行发言以后，有一个回答记者问的环节。可以充分通过双方的沟通，增强记者对整个新闻事件的理解以及对背景资料的掌握。有准备、亲和力强的领导人

接受媒体专访，可使发布会所发布的新闻素材得到进一步的升华。

在答记者问时，一般由一位主答人负责回答，必要时，如涉及专业性强的问题，由他人辅助。

发布会前主办方要准备记者答问备忘提纲，并在事先取得一致意见，尤其是主答和辅助答问者要取得共识。

在发布会的过程中，对于记者的提问应该认真作答，对于无关或过长的提问则可以委婉礼貌地制止，对于涉及企业秘密的问题，有的可以直接、礼貌地告诉它是企业机密，一般来说，记者也可以理解，有的则可以委婉作答。不宜采取“无可奉告”的方式。对于复杂而需要大量的解释的问题，可以先简单答出要点，邀请其在会后探讨。

9. 媒体邀请

媒体邀请的技巧很重要，既要吸引记者参加，又不能过多透露将要发布的新闻。在媒体邀请的密度上，既不能过多，也不能过少。一般企业应该邀请与自己联系比较紧密的商业领域记者参加，必要时如事件现场气氛热烈，应关照平面媒体记者与摄影记者一起前往。

邀请的时间一般以提前3 ~ 5天为宜，发布会前一天可做适当的提醒。联系比较多的媒体记者可以采取直接电话邀请的方式。相对不是很熟悉的媒体或发布内容比较严肃、庄重时可以采取书面邀请函的方式。

适当地制造悬念可以吸引记者对发布会新闻的兴趣，一种可选的方式是开会前不透露新闻，给记者一个惊喜。“我要在第一时间把这消息报道出来”的想法促使很多媒体都在赶写新闻。如果事先就透露出去，用记者的话说就是“新闻资源已被破坏”，看到别的报纸已经报道出来了，写新闻的热情会大大减弱，甚至不想再发布。无论一个企业与某些报社的记者多么熟悉，在新闻发布会之前，重大的新闻内容都不可以透漏出去。

在记者邀请的过程中必须注意，一定需要邀请新闻记者，而不能邀请媒体的广告业务部门人员。有时，媒体广告人员希望借助发布会的时机进行业务联系，并做出也可帮助发稿的承诺，此时也必须进行回绝。

影响媒体记者参加新闻发布会的几个主要因素：

第一，是否对口。综合性报纸和财经类报纸不是泾渭分明，有跨行业交叉报道的可能，但是对于大多数都市报的记者而言，这种对口性是第一要务。

第二，是否有贴近性。是当地政府活动还是外地政府活动？是本地企业还是外地企业？是央企还是地方龙头企业？都市类媒体更愿意参加具有“本地性”新闻活动，比如中央电视台和北京电视台记者，经常会遇到相互排挤的状况。

第三，是否有新闻性。中央媒体、全国性媒体和地方都市类媒体在新闻性的判断上是有区别的，在具备一切新闻要素的前提下，中央级综合性媒体更注重报道倾向于大背景、大主题、大角度的切入，而都市类媒体更多地从易于被普通百度熟知和接受的小角度切入。因此，公关公司在准备新闻稿的时候，最少要有3 ~ 5个版本，并且新闻素材要更丰富。

第四，是否有新闻采访权。很多新闻发布会上出现最多的是平面媒体记者的身影，这是因为只有几个主流新闻网络像人民网、新华网、千龙网、东方网等有采访权，而像新浪、搜狐的商业网站是没有采访权的，他们提供的内容服务基本上都是“信息集锦”——只能转载，不能独创。所以，为了让新闻发布会内容第一时间出现在网络上，邀请网媒记者出席时应区分清楚哪些能出席，哪些可以原发，哪些只能转载。

第五，主办单位的身份。如果是政府部门举办的新闻发布会，那么跑口记者责无旁贷。但是由于政府部门的车马费一般较低，记者更愿意出席有实力、有知名度的大企业召开的新闻发布会。可想而知，如果既没知名度，又没新闻点，那么要靠什么来吸引媒体了。

四、新闻发布会的流程

新闻发布会也是媒体所期待的。在全国性的媒体调查中发现，媒体获得新闻最重要的一个途径就是新闻发布会，几乎100%的媒体将其列为最常参加的媒体活动。由于新闻发布会上人物、事件都比较集中，时效性又很强，且参加发布会免去了预约采访对象、采访时间的一些困扰，所以通常情况下记者都不会放过这些机会。

1. 策划环节

（1）发布会开展需求背景。

（2）发布会开展应遵循的原则与重要任务。

（3）发布会开展的简要框架说明。

2. 发布会的规划

发布会的规划分前期活动和现场活动。前期活动规划内容有：开展的模式、需要注意的事项。现场活动规划内容有：媒体邀请、现场部署及安排、硬件设备和资料准备、现场人员安排、通稿（图片）准备等。

3. 后期工作

监控媒体发布情况，收集各种资料。评测新闻发布会效果，收集反馈信息，总结经验。

五、企业突发事件的新闻发布

1. 新闻处置原则

（1）及时原则。指的是在企业突发事件发生的第一时间向社会公众和媒体公布有关事项的基本事实，先入为主，主导舆论。这样做的主要目的是消除社会公众对真实情况不必要的猜测，以免引起媒体炒作和社会公众的恐慌。

（2）准确原则。就是介绍真实情况，并对社会和公众负责。求真务实是工作的必然要求。如果讲了假话，无论是何借口，都会激怒媒体和公众，导致企业的诚信受到质疑，造成对企业品牌形象的严重损害，同时也非常不利于突发事件的解决。

（3）人本原则。是指在突发事件的新闻发布工作中总是将公众的利益放在第一位，坚持“以人为本”，对事件中波及的人要有充分的人文关怀，向公众说明企业所做的一切都是为了保障公众的利益不受伤害。

（4）滚动发布原则。指的是随着事件的发展和调查的深入，事实的“碎片”不断地让整个事件清晰起来，在这个过程中不断地要有信息发布，报告事件的最新发展状态和调查得到的最新事实。在事件初期情况还不完全了解，事实还未全部掌握的情况下，可以将现有已掌握的情况发布出去并说明企业正在作出的努力。

（5）口径统一原则。就是要求整个事件处理过程都是由企业授权部门或新闻发言人统一的出口发布消息，保证消息的权威性和有效性。

2. 日常准备

企业突发事件的处理和新闻发布工作很大程度上来源于平时应对突发危机的准备，有了平时的准备，在真正面对危机的时候才能有条不紊地开展工作。

企业应该制定突发事件的应急预案，并将新闻发布工作纳入预案之中。

突发事件新闻发布工作预案制定后，还要在实际工作中针对

各种情况及时修订完善，使之能在各种不同的危机事件中实用、有效。同时，工作预案制订后平时要适当演练，用时才能井然有序，得心应手。

3. 操作程序

突发事件发生以后。遵循“及时原则”，必须马上对媒体和公众发出权威的声音。但是第一时间发出声音，看似一个简单的行动，却需要做大量的必要的工作。

（1）快速确定媒体沟通目标。

媒体沟通目标是指新闻发布方代表事件处理的主体想要告诉公众和媒体什么样的信息，希望公众和媒体做出何种反应。

（2）快速确定对外发布的形式和口径。

在确定媒体沟通目标之后，随即就要考虑对外发布的形式和口径。通常情况下，突发事件的新闻发布都会选择新闻发布会的形式。

发布口径的拟定是一件非常具有技巧性的工作，要根据对突发事件目前掌握的情况，结合媒体沟通目标，拟定相应的口径。其中有几点必须要认识到：

第一，一定要实事求是，任何时候都不能说假话。

第二，口径必须清晰简明，以防“言多必失”。

第三，口径一定要包含事实信息，不要过多充斥 “我们一定能……”“我们决心……”这样的态度表达。

第四，说话要留有余地，不要因说得太满带来工作上的被动。

（3）快速指定新闻发言人。

与此同时，在事件发生后，立即指定突发事件新闻发言人。发言人最好符合以下几个方面的条件：

第一，有媒体沟通经验，对新闻报道的运作有一定的认识，最好有新闻发布从业经验。

第二，形象稳重，有较好的口语和书面表达能力。

第三，在突发事件处理中，能参与决策或者列席决策会议。

（4）快速召开新闻发布会。

在以上工作都完成后，就要以最快的速度召开新闻发布会，不必理会是工作时间还是休息时间。记者的天职就是追逐新闻，如果凌晨两点打电话给记者说要发布重大新闻，记者也不会抱怨打搅了他的美梦。

（5）快速成立新闻中心。

突发事件发生时，一般在现场会有大批记者聚集采访。要立即成立一个临时的新闻中心，以方便记者发稿。临时新闻中心的设立给记者管理带来了方便。

（6）快速滚动发布新闻。

滚动发布新闻是在突发公共事件新闻发布中最经常使用的方法。因为在突发事件的初期，由于情况还不明朗，相关事实信息了解还不够，所以只能发布不完整信息。而在情况渐渐明朗之后，就要不断地更新补充新的信息，或是纠正之前不准确的说法，引导公众不断地接近事实的真相，看到企业为处理突发事件所作出的努力和取得的成效。

（7）快速跟踪研判。

从第一次新闻发布会之后，就要有专人不断地跟踪媒体对此突发事件的报道。要有专职人员做好报纸剪报、电视录像和网络报道的汇总。通过研究这些报道，负责新闻发布的部门主要做好两方面的工作：

第一，联络媒体或召开发布会纠正报道中的错误信息。

第二，每天写出舆情分析简报供事件处理的决策层和新闻发言人调整发布策略，如果有特殊情况应随时报告。